本书获得中国气象局“气候生态产品价值实现研究”
青年创新团队项目（编号CMA2024QN15）资助

环境规制协同

促进碳减排的机理与效应研究

RESEARCH ON THE MECHANISM AND EFFECT OF REGIONAL ENVIRONMENTAL REGULATION COORDINATION IN CARBON EMISSION REDUCTION

周 吉 许自豪◎著

图书在版编目（CIP）数据

环境规制协同促进碳减排的机理与效应研究 / 周吉，许自豪著. -- 北京 : 经济管理出版社，2024. -- ISBN 978-7-5243-0032-8

Ⅰ. X32

中国国家版本馆 CIP 数据核字第 2024Z2A126 号

组稿编辑：杜　菲
责任编辑：杜　菲
责任印制：许　艳
责任校对：蔡晓臻

出版发行：经济管理出版社
（北京市海淀区北蜂窝 8 号中雅大厦 A 座 11 层　100038）
网　　址：www. E-mp. com. cn
电　　话：（010）51915602
印　　刷：唐山玺诚印务有限公司
经　　销：新华书店
开　　本：720mm×1000mm/16
印　　张：12. 5
字　　数：190 千字
版　　次：2024 年 12 月第 1 版　　2024 年 12 月第 1 次印刷
书　　号：ISBN 978-7-5243-0032-8
定　　价：88. 00 元

· 版权所有　翻印必究 ·
凡购本社图书，如有印装错误，由本社发行部负责调换。
联系地址：北京市海淀区北蜂窝 8 号中雅大厦 11 层
电话：（010）68022974　　邮编：100038

前言

20世纪以来，随着各国工业化进程的加速，全球经济迅猛发展，能耗需求快速提升，环境问题日益加重，尤其是近年来气候变化前所未有，环境负荷越来越重，已成为当今时代全球发展的根本性问题，也是经济和社会可持续发展亟待解决的关键难题。根据国际能源署（IEA）发布的《2022年全球二氧化碳排放》报告，2022年中国能源领域碳排放量为121亿吨，约占全球总量的32.88%，远高于其他国家和地区。同时，我国经济发展由高速增长进入到高质量发展阶段，正处于发展方式转变、新旧动能转换、经济结构优化的关键时期，实现经济社会发展绿色低碳转型已是必由之路。为此，我国政府秉承人类命运共同体的理念，在第75届联合国大会上积极主动提出2030年前碳达峰和2060年前碳中和的目标，并为该目标制定了一系列重大战略决策部署。环境规制工具是政府应对经济发展带来的环境污染，实施环境治理的主要手段，环境规制在我国经历了从无到有、从起步到健全完善，再到全面提升的发展历程。面对日趋复杂严峻的外部形势和已经形成高碳依赖的经济发展路径，提升区域内和区域间的环境规制协同性，从而发挥环境规制政策的协同效应、融合效应和叠加效应显得尤为重要。为此，本书主要研究区域内和区域间的环境规制政策协同的内在机理、协同作用路径和协同作用效应。

本书将环境规制协同分为区域间环境规制协同和区域内环境规制协同。加强区域间环境规制协同能够避免出现环境规制“污染避难所”效应和“逐底竞争”现象；加强区域内环境规制协同则有利于不同类型的环境规制政策协同配合来形成多元共治局面。在分析区域间环境规制协同时，首先借鉴部分学者的做法，通过考察区域间的地理邻近关系、产业关联关系、气象关联关系、污染溢出关系、污染源分布关系确定七个环境规制适宜协同的区域（京津冀、东北、中原、长三角、长江中游、东南、西南）；其次从环境治理力度、污染排放强度和污染排放成本三个维度测度不同区域间的环境规制协同度。在分析区域内环境规制协同时，将环境规制区分为行政命令型环境规制、市场激励型环境规制、公众监督型环境规制三类，测度我国各省域的环境规制协同度。研究结论显示：①在环境治理投入视角下，区域间环境治理投入协同呈现波动变化态势，在分权制的环境治理模式下，我国环境协同治理并没有取得明显的改善，京津冀联合区域的环境治理协同度最低，中原、东北、东南区域协同度较高；在污染排放视角下，京津冀联合区域的污染协同治理绩效仍不明显，长三角联合区域的污染协同治理绩效较为一般，其他区域的污染协同治理绩效总体呈上升趋势；在污染治理成本视角下，七大区域同样呈现波动变化，且协同治理维持在较低水平。②各省区域内环境规制协同度均不高，东部、中部、西部各省域区别不大，部分省份市场激励和公众参与型规制水平较低，主要依靠行政命令型环境规制发挥作用。

针对环境规制及其协同促进碳减排开展了理论分析。将碳排放视作生产要素，建立考虑环境成本的CES和C-D生产函数模型，解释自然资源约束下应对资源瓶颈带来的经济下行压力的内涵增长路径选择。研究发现：①从产量决策、技术创新、企业迁移、产业升级四个方面分析环境规制及其协同对排放企业决策的影响机制，规制越强排放指数越低，且企业所在区域与周边环境规制协同度较高时，当地环境规制强度上升会促使企业更多选择技术创新减排而非污染转移，环境规制强度提升从促进高技术企业创新和淘汰低技术企业两方面促进产业结构优化。②从区域减排总量、减排强度、减排成本三个维度分析环境规制协同对碳减排的影响，企业面临环境规制提高时总碳排放的变化是不确定的，但高技术企业的反应倾向于提高社会总福利而低技术企业的反应倾向于降低社会总福利；环境规制协同强度提升会导致社会平均碳强度下降，并且伴随总产出增长；高技术企业与低技术企业在面对环境规制强度提升时，减排成本呈相反方向变化。

通过构建门槛模型来研究环境规制及其协同促进碳减排的效应。环境规制对碳减排的促进作用具有非线性关系，当经济发展水平较低时，由于人们对于环境的要求低、环境保护意识差，环境规制的作用受到限制；随着经济发展水平的提高，环境规制的作用逐渐增强。研究发现：①以经济发展水平和人力资本水平为门槛变量，环境规制对碳减排的作用呈现出U型曲线状态，即经济发展水平低于第一个门槛值8.912时，环境规制对碳减排的影响系数为0.0781，取值在区间［8.912，10.416］时，影响系数为-0.1125；越过第二个门槛值10.416时，影响系数为-0.1325；人力资本水平小于46.59时，环境规制对碳减排的影响系数为-0.1041；取值在区间［46.59，60.12］时，影响系数为-0.0845，越过第二个门槛值60.12时，影响系数为-0.1543。②以环境规制和技术创新为门槛变量，检验了环境规制协同对碳排放的效应，得到的结论是：当环境规制协同水平小于0.1135时，环境规制协同对碳减排的影响系数为0.0781；当环境规制水平取值在区间［0.1135，0.1834］时，其系数值变化至0.1125；当环境规制水平大于0.1834时，其系数值进一步变化至0.1325，且三个系数值均通过了10%显著性水平的检验，环境规制协同对碳减排的影响呈正向效应，且这种正向影响一直在增强。当技术创新水平低于第一个门槛值3.53时，环境规制协同对碳减排的影响系数为0.0215且在5%的水平下显著；当技术创新水平取值在区间［3.53，8.97］时，影响系数提升到0.0891且在1%的水平下显著；当技术创新水平越过第二个门槛值8.97时，影响系数提升至0.1348且在5%的水平下显著。因此，在技术创新水平的不同阶段，环境规制协同对碳减排的影响表现出异质性，越过门槛之后，环境规制协同对碳排放减排的作用显著增强。

本书还以282个城市为样本，使用渐进性的双重差分方法来识别碳排放权交易、低碳城市试点、环境信息公开评价三项政策相互间的协同减排效应。研究发现：①基于市场机制的碳排放权交易和低碳城市“双试点”

政策的实施使城市二氧化碳排放显著减少了15.51%，优化产业结构、改进技术创新、增加交通网络是减少城市二氧化碳排放的有效途径，非东部城市、低GDP城市、高资源禀赋城市的碳减排效果更显著。②碳排放权交易与环境信息公开评价双政策的实施使城市二氧化碳排放显著减少了35.96%，且对东部、中部城市以及第二产业主导城市的碳减排效果更显著，短期内双政策对产业结构升级的影响并不显著，但能够通过绿色技术创新、降低能源消费来显著降低城市碳排放。③低碳城市试点与环境信息公开评价双政策的实施使城市二氧化碳排放显著减少了9.36%，且对东部、中部城市和衰退型城市、再生型城市和非资源型城市的碳减排效果更显著，双政策可以通过提升环境规制强度、调整能源消费结构、提高地区绿色创新水平来实现地区碳减排协同效应。

基于环境规制协同对区域碳减排的理论研究和实证效果检验，为进一步发挥区域间和区域内环境规制协同促进碳减排的作用和效果，本书提出以下对策建议：①因地制宜搭配碳减排环境规制工具，结合各地区区位和资源禀赋特点创新环境政策举措，东部、中部和西部地区碳减排规制政策应该各有侧重。②分类优化各种类型碳减排规制政策，科学合理划分碳排放协同管控区域，做好命令控制型、市场激励型、公众参与型环境规制政策的创新和组合。③加快推进全国统一碳排放市场建设，扩大市场规模，发挥市场作用，完善市场规则。④统筹优化产业绿色低碳化促进政策，科学制定不同地区的绿色低碳发展政策，加强绿色低碳技术创新。⑤扩大绿色低碳基础设施建设投入规模，完善能源、交通和新型基础设施网络骨架和大动脉，发展清洁能源发电设施。

目　录

第一章
绪论

一、研究背景及问题提出

（一）研究背景

气候变化是当今时代全球发展的根本性问题，关乎人类前途命运。气候变化对自然生态系统和社会经济系统有着重大影响，其影响是全面的、深远的，不仅使粮食生产面临威胁，也让海平面上升及洪灾风险增加。以二氧化碳为主的温室气体排放，是造成全球变暖和气候变化的主要原因。20世纪以来，随着各国工业化进程的加速，全球经济迅猛发展，能耗需求快速提升，环境问题日益加重，能源生产、工业发展造成的碳排放明显增多。根据国际能源署（IEA）报告，2020年全球碳排放量达到47.9亿吨碳当量，比2000年增加8%，2022年增至50.8亿吨碳当量。近年来，气候系统的变化规模以及气候系统的诸多状况，在数千年以来前所未有。人类引起的气候变化已经造成许多地区出现极端天气。2018年，联合国政府间气候变化专门委员会《关于全球升温高于工业化前水平1.5℃的影响》

特别报告中指出，将全球变暖限制在 1.5℃，才能确保经济社会可持续发展。

气候治理是全球各国都要面对的难题。早在 20 世纪 80 年代，不少国家就意识到温室气体排放造成的气候变化的危险性。为此，联合国推动了诸多务实有效的多国合作，以更好地应对气候变化。1985 年，联合国通过《保护臭氧层维也纳公约》，以减少温室气体排放量来减缓气候变化。随后几十年中，各国政府不断出台应对气候变化的政策和法规，民间也开始关注气候变化问题。1992 年，联合国大会通过《联合国气候变化框架公约》，提出“共同但有区别”的原则，发展中国家与发达国家在温室气体排放的减排义务有所区别，目前已有 197 个国家成为缔约国。1995 年，《京都议定书》（Kyoto Protocol）正式通过，各国约定应于 2000 年前后采取适当行动减少温室气体排放，但不得使温室气体排放超过 1990 年水平，发展中国家可于 2012 年开始承担减排义务，比发达国家晚 7 年。2007 年，联合国在印度尼西亚巴厘岛召开会议，通过“巴厘路线图”，进一步确认了《联合国气候变化框架公约》和《京都议定书》的“双轨”谈判进程，为下一步气候变化谈判设定了原则内容和时间表，要求发达国家尽快达成 2012 年后进一步的减排指标。2009 年 9 月，中国在联合国气候大会上提出了 2020 年在 2005 年基础上碳排放强度下降 40%～45%的减排目标，且没有附加条件，展现了减排诚意，对哥本哈根世界气候大会谈判发挥了积极作用。2009 年 12 月，《哥本哈根协议》在丹麦哥本哈根举行的世界气候大会上通过，成为全球气候合作的新起点，114 个国家通过了该协议，对降低碳排放、促进绿色低碳发展等目标形成共识，尽管该协议不具备拘束力，但第一次明确地认可了温度升幅 2℃的上限，同时规定发达国家和发展中国家都必须推动减排工作，发达国家必须为发展中国家减排提供短期和长期援助金。2015 年，《巴黎协定》正式达成，要求各国在 2025 年前将二氧化碳排放量控制在 2005 年水平之下，争取把全球温度升幅限制在 1.5℃，为各国共同努力实现低碳发展路径定下了重要范式。

应对气候变化，也事关中华民族的永续发展。一直以来，中国政府都高度重视环境问题，并积极参与全球气候治理对话，发出了一系列务实的倡议。党的十八大以来，特别是“十三五”期间，中国克服经济发展、生态保护、民生改善等多个领域的困难挑战，积极采取措施应对气候变化，主动承担应对气候变化的国际责任，充分展现大国担当，推动应对气候变化取得了积极成效。2020 年 9 月，习近平主席在第 75 届联合国大会一般性辩论上郑重宣布“中国将提高国家自主贡献力度，采取更加有力的政策和措施，二氧化碳排放力争于 2030 年前达到峰值，努力争取 2060 年前实现碳中和”，这是以习近平同志为核心的党中央从中华民族永续发展和构建人类命运共同体的高度作出的战略决策，是我国向世界作出的庄严承诺。之后召开的党的十九届五中全会、中央经济工作会、全国两会和中央财经委员会第九次会议，都对做好碳达峰、碳中和有关工作作出了安排和部署。碳达峰碳中和不仅是跨行业的目标，更是跨区域跨领域的重大任务。习近平总书记强调，“要把实现减污降碳协同增效作为促进经济社会发展全面绿色转型的总抓手”，2021 年 12 月的中央经济工作会议上，习近平总书记再次指出，“减污降碳是经济结构调整的有机组成部分，要先立后破、通盘谋划”。《中共中央 国务院关于完整准确全面贯彻新发展理念做好碳达峰碳中和工作的意见》提出了“全国一盘棋，强化顶层设计，发挥制度优势，实行党政同责，压实各方责任。根据各地实际分类施策，鼓励主动作为、率先达峰”的工作原则，如何做好顶层设计下的全国统筹，在各地因地制宜、分类施策、主动作为的基础上，实现“全国一盘棋”的整体行动，成为未来一段时期的重要任务和重大挑战。

（二）问题提出

由于经济行为具有一定的负外部性，经济社会发展带来了资源消耗、环境破坏等诸多问题。气候治理问题本质上也是环境治理问题，其治理的重点在于有效控制温室气体特别是二氧化碳的排放。而碳排放具有公共物品属性，未采取治理的国家或地区也能够享受碳减排带来的惠宜，在不支付相应成本的前提下享受到与采取治理行为的国家或地区完全等价的物品效用，而不需要尽相应减排义务，导致治理过程中的“搭便车”问题。由于空气是无边界的全球资源，碳减排施策不当，也可能导致部分国家采取不合作态度，向大气中无节制的排放二氧化碳，加剧气候变化，引发公地悲剧。针对碳排放的公共物品属性，碳减排过程中必须通过规范和约束来防止“搭便车”和公地悲剧的发生。市场经济活动带来的碳排放问题需要市场内外的力量共同作用予以约束和纠正，政府、企业、社会都需要在其中共同发挥作用。

环境规制是全球各国政府应对经济发展带来的环境污染，实施环境治理的主要手段。1973 年我国发布第一个环境保护政策性文件《关于保护和改善环境的若干规定（试行草案）》，标志着我国环境规制政策体系建设的起步。1979 年《环境保护法》正式颁布，标志着环境规制立法体系建设的启动。随着我国工业化进程持续走向深入，政府在环境保护领域做了诸多探索，制定了一系列环境保护法规政策，环境规制在我国也经历了从无到有、从起步到健全完善，再到全面提升的发展历程。经过 70 年的发展，我国的环境规制领域越来越全面，环境规制体系越来越健全，环境规制政策越来越丰富，环境规制手段越来越多元，环境规制内容越来越深化。从国家顶层设计、地方自主探索到社会组织自发实践，我国已经形成命令控制型、市场激励型、公众参与型“三维一体”的环境规制政策工具体系[1]。典型的命令控制型环境规制工具包括环保督察、排放限额、排放许可、环境立法、治理投资、生产技术和设备标准等。典型的市场激励型环境规制工具包括以排污权、水权、用能权、碳排放权为代表的环境权益交易，以及政府环保补贴、征收环保税等。典型的公众参与型环境规制工具包括信访、提案、媒体监督、环保活动等。我国环境规制体系的不断健全，推动环境问题得到明显改善。特别是党的十八大以来，环境规制政策更加与时俱进，推动生态环境保护发生了历史性、转折性、全局性变化，全国重点城市 PM2.5 浓度下降 57%，地表水质断面比例提高 23.8 个百分点，固体废物实现“零进口”，二氧化碳排放强度下降 35%左右，超额完成向国际社会承诺的目标。

从我国现有的环境治理手段来看，行政法规、绩效考核等方式仍占主流，而市场激励发挥了重要辅助作用。从环境治理结果来看，行政命令能够促使排放主体快速做出决策调整，短期见效较快，但政策执行成本较高，且难以实施长期的、动态的高强度监管。同时，地方政府在执行中央和国家部委制定的环境政策时，出于利益考虑，可能存在选择执行、消极执行、象征执行等现象，对不同企业、不同行业的规制执行力度存在差异，地方政府间信息的不对称会造成环境规制过程中执法成本和信息收集成本的增加，降低环境规制的综合效果[2]。在能源资源跨区域调配不断完善、产业链供应链跨区域协调联动日益重要的背景下，这种“条块分割、各自为政”的环境治理思维已经无法适应新发展格局下经济社会全面绿色转型的需要。面对日趋复杂严峻的外部形势和已经形成高碳发展路径依赖，统筹国内各省经济增长与减排的压力日益增大，特别是欠发达地区高碳行业集中度、碳排放量和碳强度高于发达地区，与全国协同减排的任务更加艰巨。碳达峰碳中和作为一项系统性工程，其目标的实现、政策的落地，最终仍需要落实到区域层面。因此，厘清区域间和区域内环境规制协同对促进区域碳减排的机理和影响效应就显得尤为重要。在“全国一盘棋”“因地制宜、分类施策、主动作为”的碳减排导向下，更加需要结合环境规制协同影响碳减排的机理和效应，科学合理设计环境规制减排工具，为省际间、城市群间、城市间的跨区域的策略协同、任务协同和政策协同提供参考，探索高质高效的跨区域协同降碳策略，以改善能源效率、保护生态环境，提高区域绿色低碳发展水平，提升气候治理的整体绩效。

（三）研究意义

进入新时代，我国经济由高速增长阶段迈入高质量发展阶段，资源环境的约束、气候问题的严峻，使我们不得不摈弃以牺牲环境为代价的粗放式增长，转向绿色低碳的可持续发展道路，统筹质的有效提升和量的合理增长，协调推进绿色低碳高质量发展。党的二十大报告提出，要“推动绿色发展，促进人与自然和谐共生”“积极稳妥推进碳达峰碳中和”。在经济发展“量”“质”统筹的导向下，发展方式绿色转型的趋势下，推动经济社会绿色化、低碳化发展，已经成为高质量发展的重要路径。推动经济社会绿色化、低碳化是一个系统性、长期性、复杂性工程，必须通过环境规制来实现，特别是在二氧化碳减排领域，需采用异质性环境规制方案来避免“漂绿”“激进减碳”等现象，激发政府、企业、个人减排的内生动力。本书系统探究了不同类型环境规制在区域间和区域内两个维度上的协同性对区域碳排放的影响，以及控制碳排放的具体作用路径，具有理论意义和现实意义。

1. 理论意义

环境规制是促进污染减排的有效手段，不同类型的环境规制政策，其影响效应和机理并不相同，存在异质性。中国各地区资源禀赋、产业结构、经济发达程度存在不平衡，环境治理水平和强度存在差异。本书沿着“机理分析→规制协同度测评→门槛效应分析→影响机理和协同效应分析”的研究路径，将国内环境规制协同治理分为七大区域，利用耦合协调度模型测算各区域环境规制协同度，观察协同情况。同时，为了研究环境规制及环境规制协同对区域碳排放的影响，本书根据相关理论对多种模型进行了改进。例如，将碳排放作为一种生产要素引入生产函数模型中，用碳税代替碳减排环境规制，并通过理论推导碳减排环境规制对企业绿色创新、迁移的影响，及探讨了环境规制协同对区域碳减排总量、强度和成本的影响。进一步，测算各省份环境规制强度，观察强度协同情况，并将环境规制协同对碳减排的影响分解为区域间和区域内两个维度，分析环境规制协同对七大区域的区域间和区域内碳减排的门槛效应。此外，本书还实证分析了区域内不同类型环境规制工具组合下的减排影响效果及其影响机制，为环境规制协同促进碳减排提供了理论和实证分析支持，进一步丰富了国内有关碳减排环境规制工具协同促进低碳发展的研究，拓宽了环境规制和碳减排的研究角度和实践路径。

2. 现实意义

本书立足地方政府环境规制政策工具的使用情况，系统研究了环境规制协同对二氧化碳排放的影响效应。对环境规制协同度的测度，不仅有利于正确认识当前环境规制协同的现实情况，也能够促使各地区更好把握在全国减排工作中面临的形势。通过本书的研究，能够从理论视角理清环境规制以及环境规制协同对碳排放的影响机制，从实证角度检验规制协同对碳排放影响的驱动因素、传导机制，有利于地方政府提高碳减排政策制定精准度，提高政策效果；有利于促进地方政府避免二氧化碳排放治理的“各自为政”，促进区域间碳减排政策协同配合；有利于地方政府结合各地资源禀赋，更好地组合碳减排规制工具，最大化发挥施政效果。

二、国内外研究现状

（一）环境规制概念及其测度研究

环境规制是政府为了降低环境污染、提升生态质量所推出和实施的政策举措与社会组织、公众对污染排放主体行为所施加的约束性影响的总和。自 20 世纪 70 年代环境保护运动开始出现至今，环境规制在学术界的研究热度一直不减，有关环境规制的成果、规制政策的创新不断涌现，其内涵不断演进，基础理论不断丰富。

1. 环境规制的内涵演进

资源与环境经济学理论认为，在发展过程中的环境资源的使用会对其他环境资源使用者产生负外部性，如排污企业的经济活动必然会对周边居民、企业造成影响甚至带来损害，使得居民福利和企业利益受到削减，进而提升整个社会成本、降低资源利用效率。为了解决发展带来的环境问题，政府和社会各界纷纷采取措施，环境规制雏形初现。

20 世纪初期，为了提升资源使用效率，降低环境负面影响，政府、企业、公众等主体先后采取了不同的措施，这就是环境规制的雏形。环境规制的概念最早由 Bleicher（1972）[3] 提及，早期的研究认为环境规制只是政府为了兼顾经济发展和环境保护，降低污染排放所导致的外部不经济性而采用的命令型政策手段。80 年代末，各种类型的环保税政策发布，规制手段在命令型政策的基础上增加了市场手段，环境规制定义首次得到拓展[4]。在此基础上，Pargal 和 Wheeler（1996）[5] 创造性地提出了非正式环境规制，非正式环境规制一般出现在正式环境规制薄弱和缺乏时，如通过与污染主体协商等形式促使其减排，环境规制概念第二次拓展是环境规制主体首次将非政府纳入其中，自此环境规制的主导力量趋向于多元化。21 世纪初，我国学者在环境规制领域开始结合国情进行研究，并在国外学者研究的基础上补充和完善了环境规制的定义。例如，赵玉民等（2009）[4] 提出，环境规制是以环境保护为目的、个体或组织为对象、有形制度或无形意识为存在形式的一种约束性力量。概括而言，环境规制是以环境保护和环境治理为目的而制定实施的各项规定、政策与措施的总和，环境规制是一项重要的社会性规制，既包括政府制定的政策与制度，也包括市场手段和工具，还包括社会自愿形成的行为规范。环境规制的概念包括主体、规制手段和目的等要素，并随着经济的发展、社会的进步和时代的变迁而不断演化扩展。具体来说，环境规制的概念内涵可以概括为以下三个方面：

（1）环境规制的主体。主要包括政府、企业或组织、公众三方。早期的环境规制内涵仅以政府行政干预手段为主，如采取禁令、标准和许可等措施[6]，环境税的出现扩充了以政府为主体的环境规制的内涵。随着公众环保意识逐渐增强，有组织的环保公益活动、公众就环境问题的上访等从微观上形成了约束环境污染的重要力量。后期出现的环境权益交易市场中，排污权、碳排放权等权益交易让市场这双“看不见的手”为环境规制政策创新提供了沃土，经济激励逐渐成为环境规制的重要手段。

（2）环境规制的目标。当前，全球的重大环境公害事件仍在发生，保护环境、修复生态已经成为世界各国人民的普遍共识。环境规制最终还是要为提升环境质量服务，让资源环境消耗与经济社会发展尽可能协调，促进可持续发展，不断满足人民对优美生态环境的需要。虽然环境规制的主体不同、方式不同、对象不同，但环境规制的目的都是改善环境质量、转变发展方式、促进产业升级。环境规制最终的受益者都是公众，其作用也体现在其经济效应、生态效应和社会效应上[7]。

（3）环境规制的发展。本质上，环境规制就是各类主体对环境污染约束行为的总和。传统意义上的环境规制指政府行政手段，根本上是政府的行为，除了法规、文件外，政府也会采取一些补贴、减税、收费等经济激励和试点示范等政策激励手段。随着环境规制的不断发展，进入20世纪中叶，市场激励型、公众参与型环境规制的工具不断丰富。从目前的环境规制手段来看，环境规制政策下沉得仍然不够深，对细节性环境问题把控不够。新一代信息技术革命的出现为政府创新环境规制手段提供了新的机遇和新的渠道，如架设环境服务平台来与公众互动，以此接受公众的环境质量监督[8]，又如搭建线上环境权益交易市场，提高市场性环境规制效率。依托网络平台，环保组织开展活动的组织力、号召力和活动规模相比过去也有很大的提升，非正式环境规制手段更多，也更贴近公众生活，对政府的正式环境规制做了很好的补充。

2. 环境规制的类别划分

学术界从不同研究角度对环境规制类别进行了划分，相关分类如表1-1所示。

表1-1　环境规制的类别划分

分类思路	规制类型	规制特征
按提出主体分	正式	政府提出、政府执行
	非正式	社会组织或个人提出
按存在形式分	显性	有形的法律规定、协议
	隐性	无形的思想和意识
按作用时点分	事先引导型	破坏环境之前的引导手段
	事后惩罚型	破坏环境之后的惩罚措施

续表

分类思路	规制类型	规制特征
按规制工具分	命令控制型	立法、行政部门制定的政策
	市场激励型	补贴、税费、交易、贴息等市场工具
	公众参与型	居民与政府间互动，企业自发倡议、协议和承诺，环保组织活动

（1）从提出主体看，可分为正式和非正式的环境规制，类似 Bowen 等（2020）[9] 提出的合理性环境规制和自愿性环境规制。

正式环境规制主要指政府提出的环境规制措施，如发布的各种环境保护标准数、环境评估执行率、限期治理项目数、平均排污费征收额、排污许可证发放数、排污处罚案例数、污染治理投资总额、环境使用税收总额等。非正式环境规制主要由社会组织或个人发起，是指源于公众、企业和环保非政府组织的规定和制度，如企业“三同时”制度执行合格率、企业排污权交易总额、环保 NGO（Non-Governmental Organization）的规模和影响力、环保 NGO 参与环境诉讼等法律途径或集会抗议次数、环保 NGO 主办环保教育活动次数、公众自愿组织和参与环保活动次数、公众参与环境民事诉讼案件数、公众向环保有关机构上访或信访次数、媒体和网络的环保宣传及披露程度等。

（2）从存在形式看，可分为显性和隐性的环境规制[4]。显性环境规制主要指文件、确切法律和规定、主体间协议等，如《环境损害赔偿法》《环境保护法》，以及流域补偿协议等。隐性环境规制主要指无形的、存在于思想观念中的环保意识、环保认知等。

（3）从作用时点看，可分为事先引导型和事后惩罚型的环境规制[10]。事先引导型环境规制主要指在环境损害行为发生之前对主体进行引导的规制行为，如地方规章制度、污染治理投资等。事后惩罚型环境规制主要指一些环境损害后的惩罚制度，如排污收费、环境损害赔偿等。

（4）从规制工具看，可分为命令控制型、市场激励型和公众参与型的环境规制[11-12]。命令控制型环境规制指政府的法规和政策，如排污限额、环境准入等[13]，又如企业必须遵循的环保技术标准、操作规范以及被要求应用的技术等。市场激励型环境规制主要指政府通过补贴或推动环境权益交易等激励企业降低污染水平的做法[14]，如排污费、资源使用税费、环保税费、环保补贴、环境权益交易等。公众参与型环境规制指居民与政府互动、企业自发倡议或环保组织活动，一般是由社会组织、企业自身或其他主体提出，主要包括保护环境的倡议、承诺、协议或行动计划，企业自愿参与。

3. 环境规制的强度测算

环境规制是一类行为约束的总和，在实证研究中往往需要对这种约束的强度进行度量，也称为环境规制强度（Environment Regulations，ER），环境规制强度越高，说明对于环境污染的约束更大；反之，环境规制强度越小，则对环境污染的约束越小，环境治理力度更小。从测算方法的角度，对环境规制强度的测算可以分为三类，包括定性指标法、单一指标法、综合指标法。从环境规制成效的角度，对环境规制强度的测算可以从环境治理投入、污染物排放和环境治理成本三个角度进行。

（1）测算方法。

1）定性指标法。由于环境统计体系不完善、信息技术不发达等，导致早期的环境规制研究数据难以获得，因此不少学者采用问卷调查、主观打分等方式来衡量环境规制强度。Walter 和 Ugelow（1979）[15] 最早采用这一方法，通过联合国贸发会（UNCTAD）对各国环境规制开展的问卷调查结果打分排序，以此构建环境规制强度指数。Dasgupta 等（2001）[16] 构建了立法、执行、政策、意识、机制五大维度并主观打分，构建国家间的环境规制指数。Bitat（2018）[17] 同样构建了五个维度，但采用问卷调查来衡量规制强度。国内也有不少学者通过定性指标来衡量规制强度，李钢和刘鹏（2015）[18] 研究了我国公开法律和法规中有关钢铁行业的环境标准，对该行业在高炉、炭化室、污染物等 8 个方面的环境规制强度进行赋值，测算了我国钢铁行业 2000~2014 年的环境规制强度，并分析了变化情况。也有部分学者通过问卷调查来获得规制对象的数据，如李健等（2022）[19]、胡元林和康炫（2016）[20] 在研究环境规制对企业影响时采用了该方法。

曹翠珍和冯娇龙（2022）[21] 通过问卷获取环境规制测量数据，分析了不同类型的冗余资源对绿色创新模式选择的双重影响机制，并从命令控制型和市场激励型规制两个层次进一步论证了环境规制对于冗余资源和绿色创新之间关系的调节作用。

2）单一指标法。单一指标法是学者用来衡量环境规制强度的常用做法，常用的指标有企业污染减排成本[22-26]、污染治理投资额[27-28]、排污费[29-34] 和环保法规数量[35-37] 等。一般而言，地方对污染物排放标准设定得越高、污染治理投资额越大、排污费标准越高、环保法规越多，则表示该地区环境规制强度越大。虽然污染物排放量不能直接反映环境规制强度，但两者也有相关关系，所以有的学者也采用污染物的排放量或减排量来表示地区环境规制强度[38-39]。比如，Copeland 和 Taylor（2004）[40]、Dechezleprêtre 等（2010）[41] 分别采用有机挥发物和汽油含铅量来反映环境规制强度变化。Wang 等（2018）[42]、Zhou 等（2019）[43] 分别使用化学需氧量（COD）和二氧化硫排放量来度量部分地区和中国制造业环境规制强度。沈悦和任一鑫（2021）[44] 认为，只用一种指标进行度量过于单一，应考虑指标的多维性与可比性，可采用单位污染物工业治理投资额来核算环境规制强度。根据现有文献情况，采用较多的单一指标如表 1-2 所示。

表 1-2 不同规制类型使用较多的单一指标

规制类型	指标名称	指标说明	指标方向
减排成本	企业减排成本	单位产值污染治理费用	正向
	企业环保投入	企业环保投入额	正向
	污染治理投资	污染治理投资额	正向
减排绩效	污染物排放量	总量或单位产出排放	反向
	污染物减排量	污染物去除率	正向
	能源消耗量	总量或能耗强度	反向
政府行为	环保法规数量	环保法规数量、文件数量	正向
	环保法规执法力度	环境处罚案件数、违法企业数量占比等	正向
	排污费收入	排污费收入与工业增加值之比	正向

续表

规制类型	指标名称	指标说明	指标方向
公众参与	环境信访数量、受教育程度、年龄结构、学历结构等		
其他指标	外资企业占比、FDI、环保研发经费、环保系统人数等		

3）综合指标法。综合指标主要指用多种环境规制指标通过计算而得到的环境规制强度综合指数。计算综合指数的方法主要有权重法和主成分分析法。权重法采用废水、废气的去除率和固体废弃物利用率等指标来构建环境规制强度综合指数的居多，主要从减排绩效的角度来测度环境规制强度。一般在对指标进行标准化后，再计算单项指标的调整系数，对指标体系所包含的各类指标赋权。最后，在标准化后的指标值和赋权权重基础上进一步测度环境规制强度的综合指数。由于该方法是对相同类型指标的综合处理，所以无法从多维度来测度环境规制强度。例如，王杰和刘斌（2014）[45]、钟茂初等（2015）[46] 选取二氧化硫、工业烟尘、工业粉尘去除率以及工业废水排放达标率、工业固体废物综合利用率等指标，使用改进熵值法为指标赋权，测算能够反映各地区环境规制强度的环境规制综合指数。许冬兰和张敏（2020）[47] 则使用 CIEsIN 发布的环境绩效指数作为环境规制指数的替代变量。陈华脉等（2022）[48] 选择工业废水排放达标率、工业烟粉尘去除率与固体废物综合利用率三个指标加权平均值衡量环境规制强度。主成分分析法能够对指标体系进行降维处理，在保证信息丢失最少的前提下去除不相关的指标，提取主成分指标，从而分析指标作用强度。运用主成分分析方法的文献从多个维度方面选取指标，将更多影响环境规制的因素纳入指标体系中，如将减排成本类、绩效类以及政府行为类指标纳入，使指标体系的系统性更强、综合性更优。例如，苗苗等（2019）[49] 采用主成分分析法测算了中国 31 个省份的环境规制力度综合指数，分析其对制造业企业技术创新能力的影响。闫莹等（2020）[50] 采用相同方法计算环境规制强度，测算工业企业回应环境规制政策所达到的创新投入强度以及由此引发的差异化创新产出

与工业绿色发展之间的关系。

（2）规制成效。

1）从环境治理的角度进行度量。环境治理力度越大，说明政府对环境治理投入越大，政府颁布的环境约束政策和采取的措施越多。我国早期的环境治理都是从政府开始，通过强制性的环境约束、环境处罚和环境监管，才不会使环境进一步恶化。可以从绝对强度和相对强度两个角度对环境规制强度进行度量。因此有，环境规制绝对强度 $\mathrm{ER}=\frac{\text{地区污染治理投资额}}{\text{地区 GDP}}$。其中，ER 越大，环境规制强度越强；反之，ER 越小，环境规制强度越弱。环境规制的相对强度测算公式如下：

$$ER_i=\frac{\frac{I_i}{GDP_i}}{\frac{\sum_{i=1}^{n} I_i}{GDP_i}} \tag{1-1}$$

式中，ER_i 即第 i 个地区的单位 GDP 环境治理投资额占全国的比重。I_i 表示第 i 个地区的环境治理投资额，GDP_i 表示第 i 个地区的国内生产总值。ER_i 越大，表示环境规制越强；ER_i 越小，表示环境规制越弱。

2）从污染排放角度进行度量。某个地区的污染排放越少，说明环境规制越强；反之，某个地区的污染排放越多，说明环境规制越弱。因为当环境规制越强时，对企业排污的限制就越多，企业排污相对较小；当环境规制越弱时，对企业排污的约束就越少，企业排污成本会更小，企业就会排放更多的污染。当然这种度量方法存在一定的缺陷，即如果某个地区污染企业相对较少或工业不发达，则该地区排放的污染会相对较小，但这不是加强环境规制的结果。因此有，环境规制强度 $\mathrm{ER}=\frac{\text{污染排放总量}}{\text{GDP}}$，或者，$\mathrm{ER}=\frac{\text{工业污染排放总量}}{\text{工业增加值}}$。其中，ER 越小，环境规制强度越强；反之，ER 越大，环境规制强度越弱。这是一个负向指标。在具体计算时，环境规制相对强度可以具体化如下：

$$ER_{it}=\frac{ER_{it}^{*}}{\overline{E}\,\overline{R}_{it}} \tag{1-2}$$

式中，ER_{it}^{*} 表示地区 i 单位产出伴随的污染排放量，$\overline{E}\,\overline{R}_{it}$ 表示各地区平均单位产出的污染排放量，$ER_{it}>1$，表示该地区的单位产出污染排放更多，说明环境规制强度低于全国平均水平，$ER_{it}<1$ 则反之。魏玮和毕超（2011）[51] 运用此方法开展研究，得出规制强度越高，重污染企业的单位产出产生污染物排放越低，同时部分重污染型企业会迁出，导致该地区单位污染物排放降低，所以，该指数的变化可以反映地区环境规制强度变化。具体计算公式如下：

$$ERI_j=\sum_{j}\alpha_i\left(1-\frac{\frac{P_{ij}}{V}-\min\left(\frac{P_{ij}}{V}\right)}{\max\limits_{j}\left(\frac{P_{ij}}{V}\right)-\min\limits_{j}\left(\frac{P_{ij}}{V}\right)}\right) \tag{1-3}$$

式中，j 表示第 j 个地区，i 表示第 i 种污染物，V 表示产值，α_i 表示第 i 种污染物的权重。

3）从成本角度进行度量。污染排放的单位成本越高，说明环境约束越大，环境规制越强；反之，污染排放的单位成本越低，说明当地对于污染排放的约束越小，环境规制的强度越低。以目前普遍采用的单位排污费为例，排污费的收取将增加企业污染排放成本，影响最优排污量，从而对企业利润产生影响，导致企业对于区位的决策发生变化。因此有，环境规制强度 $\mathrm{ER}=\frac{\text{污染治理投资总额}}{\text{污染排放总量}}$。其中，ER 越大，环境规制强度越大；反之，ER 越小，环境规制强度越小。也可以直接用单位污染排放成本表示 ER，如可用碳排放权交易价格表示环境规制强度，碳排放权交易价格越高，环境规制越强。王艳丽和钟奥（2016）[52] 认为，一个地区在环保方面的投入会随着高耗能产业的环境规制强度增加而提高，污染物的处理率和达标排放率数据也会越高，因此可以使用高耗能的环境成本支付率（环境支付成本占环境总成本比重）来衡量一个地区的环境规制强度，环境成本支付率越高，则环境规制强度越大。环境成本支付率越高，说明该地区对高耗能产业的环境规制强度也越大。计算公式如下：

$$ECL_t = \frac{\sum_{i=1}^{n} I_{it}}{\sum_{i=1}^{n} \frac{I_{it}}{DEQ_{it}} \times TEQ_{it}} \tag{1-4}$$

式中，ECL_t 表示第 t 年环境成本支付率；I_{it} 表示第 t 年第 i 种污染物的处理投资额，DEQ_{it} 表示第 t 年第 i 种污染物的处理量或达标排放量，$\frac{I_{it}}{DEQ_{it}}$表示第 i 种污染物的单位处理成本；TEQ_{it} 表示第 t 年第 i 种污染物实际排放量；n 表示污染物种类。

（二）环境规制对区域碳减排的影响效应研究

发达国家的学者最早开始有关环境规制对碳排放影响的实证研究，随着气候问题逐渐变热，其他国家的学者也开始关注这一领域。事实上，影响碳排放的因素有很多，不同类型的环境规制之间存在差异性，体现了不同的政策导向和目的，执行时对于不同国家、区域和产业都存在明显的差异[53]。所以，有关环境规制对碳排放影响的实证研究重点，应该是如何避免出现绿色悖论，提升环境规制效率。对于环境规制与碳排放的效应研究，主要聚焦不同时空尺度下差异化环境规制对碳排放量、排放强度、排放效率、排放权交易和排放公平的直接或者间接影响，也有学者利用马尔科夫链、CGE 和系统动力学 SD 等方法开展情景预测[54]。一直以来，环境规制对碳排放影响机理的学术研究都在进行，早期研究认为环境规制对碳排放有抑制作用，但随着研究的深入，部分学者发现并非所有环境规制都能达到预想效果。探讨环境规制强度对碳排放影响的文献可以分为单一指标法和综合指标法两类。

1. 规制政策

现有的环境规制政策可以分为命令控制型、市场激励型和公众参与型。围绕规制有效性的研究一直在进行，主要研究的规制政策对象如表1-3所示。

表 1-3　不同类型环境规制的主要研究方法

规制类型	规制名称	主要研究方法
命令型	低碳城市试点	双重差分法（DID）
市场型	环境治理投资	VAR 模型
	碳排放权交易	控制合成法、DID、"控制合成法+排列检验法"
	环境财税政策	GMM 两步法
	绿色税收	"拓展 STRIPAT 模型+面板门槛"模型
	碳税	引力模型
	绿色信贷	"STIRPAT 模型+面板门槛"模型
公众参与型	环境信息公开	DID
	公众环境参与	DID
	《京都议定书》	DID
	ISO14001	"PSM+负二项回归分析"、双重差分法

以碳减排政策作为变量来研究环境规制的区域碳减排效应是近年的趋势。从现有文献看，由于低碳试点城市、碳排放权交易、环境信息公开评价数据相对容易获得，且三种政策分别属于不同类型，所以有关对碳排放影响的文献较多聚焦这三项政策，这其中，双重差分、三重差分方法应用较多。

（1）命令控制型规制。根据现有成果，学界认为以低碳试点城市为代表的命令控制型环境规制有助于提升碳减排效果[55]，特别是在东西部及非资源型地区更为显著[56]，且存在正向空间溢出效应[57]。张华（2020）[58]借助低碳试点政策在不同城市、不同试点时间上的变异，使用双重差分方法估计了低碳城市建设对碳排放的影响，指出低碳城市建设显著降低碳排放水平，低碳城市建设对碳排放的影响存在异质性，西部城市和低经济发展水平城市的碳减排效应更显著。郭沛和梁栋（2022）[56]指出低碳试点政策能够显著提高城市碳排放效率，东部地区的试点政策主要通过调整能源结构及产业结构合理化来影响，西部地区和中部地区则分别主要通过技术创新和产业结构合理化发挥作用。郑汉和郭立宏（2022）[59] 将低碳城市试点视为“准自然实验”，探讨低碳试点城市对邻接非试点城市碳排放的外部效应，并指出试点政策能够有效激励邻接非试点城市进行碳减排。

（2）市场激励型规制。碳排放权交易、碳税、财政支出等不同的市场激励型规制效果则各不相同。碳排放权交易对区域碳排放的降低有积极作用，并且可以推动相邻地区碳减排[60-62]。高碳行业对低碳规制工具敏感性更强，碳税影响比碳补贴和碳投资影响更显著，三者都能够促进碳减排[63]。田嘉莉等（2022）[64] 指出，财政支出政策能够实现减污降碳协同效应，其短期的直接和间接效应明显，而长期的直接和间接效应均不明显，说明财政支出政策对减污降碳的引导还不够。张国兴等（2022）[65] 以碳交易试点政策实施作为准自然实验，运用双重差分模型进行实证研究，认为市场机制应该在城市大气环境治理中发挥更大的作用，并建议扩大碳交易覆盖的区域范围和市场与主体范围，在全国范围内推广碳交易政策，在交易市场建设中要充分考虑区域异质性，提高大气污染治理中的区域协作水平。张婕等（2022）[66] 采用倾向得分匹配法、固定效应双重差分模型和中介效应模型检验碳排放权交易政策的减排效果，发现碳排放权交易能够显著促进高耗能企业碳减排。

（3）公众参与型规制。近几年，以环境信息公开为代表的公众参与型规制工具逐渐受到关注。曾婧婧和胡锦绣（2015）[67]、Bu 等（2020）[68] 以及 Jiang 等（2020）[69] 分别证明了公众参与型环境规制能够有效促进碳减排。张华和冯烽（2020）[70] 以城市环境信息公开作为非正式环境规制变量开展研究，发现增加城市的环境信息公开有利于促进碳减排，且碳减排效应在东部城市、西部城市、环保城市以及高经济发展水平城市、高人力资本水平城市的样本中更加显著。张宏和蔡淑琳（2022）[71] 将媒体监督作为企业自愿履行环境责任的约束指标，联合政府正式环境规制，探讨异质性企业环境责任与碳绩效的关系，验证了政府和媒体对企业环境责任的正式和非正式治理效果，进而提高了企业碳绩效的作用逻辑，拓展了对企业碳绩效影响因素以及异质性企业环境责任的理论研究。

2. 规制强度

有关环境规制对碳排放影响的研究大多采用单一指标法，通过现有统计数据来体现环境规制强度，采用综合指标法开展研究的较少[72]。

门槛模型在单一指标与碳排放关系研究中应用范围较广。王雅楠等(2018)[27]用工业污染治理投资完成额占各省工业增加值的比重来衡量规制强度，用面板门槛模型分析我国环境规制对碳排放的门槛效应及其在东部、中部和西部存在的区域差异。蓝虹和王柳元（2019）[73]、丁绪辉等(2019)[74]使用工业产值污染治理成本占工业生产总值的比重表示环境规制的强度，并通过门槛面板模型分析环境规制对碳排放绩效的门槛效应。李珊珊和马艳芹（2019）[75]采用排污费用占当地 GDP 的比重来衡量规制强度，发现环境规制、经济发展水平、人力资本对碳排放效率均存在不同程度的门槛效应。

不少学者也从空间角度进行了研究。由于节能减排带来的政策激励使地方政府在污染物排放中更重视废气排放的环境规制，所以张华(2014)[38]采用工业二氧化硫去除率作为规制强度指标进行研究，从空间溢出视角发现，提升环境规制强度有利于提高碳排放绩效。李小平等(2020)[76]运用空间杜宾模型检验了异质性环境规制对地区碳生产率的直接影响，发现命令型、市场型、公众型环境规制对碳生产率的溢出效应呈现出不同特征。杨盛东等（2021）[77]结合夜间灯光指数核算东北三省地级市碳排放，指出命令型、市场型和公众型三种环境规制空间上趋于平衡，存在空间分异性，公众型、命令型环境规制分别通过直接效应和溢出效应降低碳排放，经济型规制通过总效应对碳排放产生显著正向影响。修静和张振华（2022）[78]从政策力度角度进行量化，发现经济对碳排放的技术进步偏向性较高。

3. 工具选择

环境规制的类型和区域差异会对碳排放产生不同影响，这已经成为学术界的共识。但如何选择合适的规制政策呢？不少学者以此为切入点，试图厘清不同类型规制政策的影响程度。针对不同发展基础和制度体制的国家或区域，环境规制的作用路径也不同。Marconi（2012）[79] 认为发展中国家更适合采用经济激励性规制政策。王馨康等（2018）[80] 考察了排污费和环保补贴对碳排放的影响，并将研究区域划分为东中西三个区域，发现两种环境规制政策在东部地区均可以促进碳减排，而在西部地区产生排污费政策绿色悖论效应。尚梅等（2022）[81] 从全国和省域两个层面检视环境规制对碳排放作用，全国层面环境规制对碳排放直接作用为倒 U 型曲线，环境规制在省域层面将增加禀赋型省域及经济粗放发展省域碳排放量，同时抑制经济持续稳速发展省域及经济相对发达省域的碳排放量。也有不少学者研究了环境规制对行业层面的影响，主要分两个角度。一是环境规制对不同行业碳排放的影响，如王淑英和卫朝蓉（2020）[82] 指出，命令型环境规制对工业碳生产率具有显著的促进作用，激励型环境规制则会抑制本地区和周边地区的工业碳生产率的提升，公众参与型环境规制能够优化工业碳生产率。二是异质性环境规制对特定行业碳排放的影响，如杨亚萍和王凯（2021）[83] 认为费用型环境规制和投资型环境规制对中国旅游业碳排放存在双重阈值效应，两种环境规制对我国中部地区的旅游业碳排放起到抑制作用。

4. 作用机理

根据现有文献归纳，环境规制主要通过低碳技术创新、产业结构优化和外商投资三方面影响碳排放。在低碳技术创新方面，已有研究主要从成本视角切入。遵循波特假说，环境规制会促使企业降低成本，促使其提升技术水平从而降低碳排放[84-87]。也有学者认为环境规制会增加企业成本负担，降低企业创新投入，削弱企业创新能力，不利于降低碳排放[66,88]。在产业结构优化方面，已有研究认为，环境规制对不同类型的产业碳排放影响存在异质性，环境规制能够抑制高污染、劳动密集型产业增长，对技术密集型产业冲击较小，有助于产业结构升级，从而降低碳排放[89]。在外商投资方面，部分研究认为发达国家环境规制造成的外商对发展中国家的直接投资是碳排放的主要来源，这就是“污染天堂”假说[90-92]。也有学者认为环境规制通过外商投资能够产生“污染光环”效应，外资企业会带来先进技术，有利于区域碳减排，这种观点通过门槛效应得到了进一步验证[93-95]。

（三）环境规制协同内涵及测度研究

环境规制协同本质上是一种政策协同，已有的研究已经验证了环境规制存在协同效应。学者对于环境规制协同的测度，从目标协同、耦合协同、政策协同不同角度提出了思路。

1. 目标协同

彭纪生等（2008）[96] 认为，政策措施或政策目标的协同是指单条政策使用多个措施或实现多个目标，同一条政策使用的各个措施越具体或实现的各个目标越明确，则政策力度越大、政策目标的协同状况越好。张国兴（2014）[97] 在此思路基础上测算协同度，计算公式如下：

$$PMJ_i=\sum_{j=1}^{N} pe_j \times pm_{jk} \times pm_{jl} \quad k \neq l \tag{1-5}$$

式中，PMJ_i 表示第 i 年规制政策协同度，N 表示第 i 年发布的环境规制政策数量，pe_j 表示第 i 年第 j 条政策目标的得分，k 和 l 从污染防治、节能减排成效、节能减排理念、产业优化升级、能源利用效率提升、能源消费结构优化和技术改造 7 个目标中选择 2 项来考虑目标协同情况。得分多少由政策出台机构的级别和举措的详细情况决定，级别越高、目标越清晰，则得分越高。

2. 耦合协同

徐海峰和王晓东（2020）[98] 采用耦合协调度模型测度各种环境规制政策来计算政策协同度，计算公式如下：

两类环境规制相互作用模型为：

$$C=2\frac{\sqrt{U_1 \times U_2}}{U_1+U_2} \tag{1-6}$$

根据离差越小越好的原则，三类环境规制相互作用耦合度模型如下：

$$C=\left\{\frac{3(U_1 \times U_2+U_1 \times U_3+U_2 \times U_3)}{(U_1+U_2+U_3)^2}\right\}^3 \tag{1-7}$$

式中，U_k（$k=1$，2，3）是指第 k 类环境规制的强度；C 为耦合度，反映环境规制协同度，取值范围为［0，1］，进一步构建协调度模型如下：

$$D=\sqrt{C\times T}\begin{cases}T=\alpha U_1+\beta U_2\\T=\alpha U_1+\beta U_2+\gamma U_3\end{cases}\tag{1-8}$$

式中，D 为耦合协调度；T 为系统协调效应综合评价指数；α、β、γ 为待定系数且系数和为 1，分别表示各子系统对系统间耦合作用贡献程度。

3. 政策协同

也有不少学者通过建立面板计量模型，观察交互项系数的方式来判断两种环境规制政策之间是否存在协同效应，系数为正则存在协同，且系数越大，协同效应越大。例如，刘杰等（2019）[99]、高志刚和李明蕊（2020）[100]、张家豪和高原（2022）[101]、孙慧和邓又一（2022）[102]。徐雨婧等（2022）[103] 则建立了三重差分模型，通过考察其中的交互项来判断环境规制协同效应。

（四）环境规制协同促进区域碳减排效应研究

当前，中国通过环境规制手段来促进碳减排的路径逐步走向成熟，经济发展与生态环境保护相融合、相协调的环境绩效评价标准和治理模式不断完善[104]。碳排放空间是一类公共产品，区域间的减排环境规制政策协同，核心是协调碳排放集聚空间内各主体的利益[105]。针对环境规制协同促进区域碳减排的效应，学者从各种角度开展了丰富的研究，如基于区域减排总量视角、基于减排主体收益视角、基于府际间合作视角，这些研究为本书的研究提供了前期基础。

1. 基于区域减排总量视角

有关环境规制协同策略的研究较少，主要集中在协同评价和政策设计方面。在协同评价方面，胡志高等（2019）[106] 结合气象信息和行业分布将不同省份划分为 7 个联合治理小组，发现区域内协同演进缓慢且波动性大，分析其影响因素发现，人均 GDP 差异会妨碍大气污染联合治理，地区间联合组织的建立有助于联合治理程度的提升。汪明月等（2020）[107] 构建了区域碳减排能力评价模型，发现京津冀碳减排能力整体协同度有上升趋势，同时识别出河北是京津冀地区的减排“短板”。陈华脉等（2022）[108]将我国30个省份划分成八大区域作为实证研究的对象，构建复杂系统协同程度模型对各子系统环境协同治理的协同度进行了度量，发现我国环境协同治理的协同度总体呈现快速上升趋势。在政策设计方面，张艳楠等（2021）[109]以分权式环境规制为背景，通过三方演化博弈模型来研究城市群污染跨区域协同治理路径，考察影响主体决策的因素，以及不同策略之间的作用关系，最后提出建立激励与约束机制、联防联控机制、区域一体化协同机制发展建议，为分权式环境规制视角下的跨区域污染治理协同优化提供了理论参考。董玮等（2022）[110]设计了长三角地区跨区域的碳排放协同治理机制，建议将高排放量的五个行业纳入全国碳权交易市场的范围，将个人消费和其他小碳排放源行业纳入碳税的范围。

2. 基于减排主体收益视角

区域环境规制协同本质上是博弈问题，从环境规制的作用对象视角，规制的效果主要是污染主体开展合作减排，其协同路径的研究大多集中在国家层面[111]、行业层面[112]和企业层面[113]。一般而言，稳定的区域合作减排关系，要以减排收益（包括经济效益和社会效益）合理分配为基础，收益分配的不合理可能导致合作关系的弱化甚至解体[114]。现有区域合作减排的研究大多从合作博弈角度开展，如王奇等（2014）[115]分析了区域环境合作过程中存在的主体收益受损的情形，给出了在损失补偿基础上进行合作剩余收益的分配机制。谢晶晶和窦祥胜（2016）[116]在合作博弈模型的框架下针对碳排放权配额交易定价及相关利益分配机制开展了研究。陈忠全等（2016）[117]优化了排污权交易的收益分配方法。汪明月等（2019）[105,118-119]采用博弈分析方法分别研究了合作减排机制演化博弈、策略选择和收益分配机制。

3. 基于府际间合作视角

环境规制的实施主体主要是政府，因此规制协同行为的研究对象以政府间环境协同治理为主，采用博弈方法研究较多。赵树迪和周显信

(2017)[120] 认为可以通过动力、约束、保障、长效四个具体机制来探索有利于府际竞合的路径，利益引导、利益共享和区域一体化治理是府际协同治理的推动力。陈桂生（2019）[121] 认为府际协同治理大气污染的内在要求，是在价值共识、组织共建、法治互动、利益共享等维度实现动力激励和制度保障与约束。吕志奎和刘洋（2021）[122] 建立基于时期变迁、工具结构、府际协同、治理效能四要素的分析框架，发现省域流域治理需要综合考量政策过程阶段性和政府结构层次性所带来的差异化政策工具选择问题，精准采纳政策工具，以进一步加强府际协同和提升治理效能。景熠等(2021)[123] 认为，通过提高直接治理带来的收益，以及协同作用带来的直接和间接收益，科学计算生态补偿金额，降低治理风险，显化潜在损失，才能够提升治理协同，并且提高达到信任均衡状态的可能。

（五）文献评述

综合以上相关文献可以看出，国内外学者在环境规制内涵及测度、基础理论、对碳排放的影响效应、协同度内涵及测度、减排环境规制的区域协同等方面形成了大量研究成果。特别是在碳达峰碳中和“3060”两阶段目标确定以来，理论实证研究等方面形成了一系列重要成果，这为后续进一步开展深入研究奠定了坚实基础。通过对上述文献的梳理归纳发现，仍有如下方面需要改进和完善：

第一，随着环境规制内涵的不断演进，对环境规制的主体、本质、目标等已有清晰界定，环境规制类别划分更加科学，主流的研究基本采用命令控制型、市场激励型、公众参与型的环境规制工具分类方式研究，不同的环境规制强度测算方法也已经得到广泛应用。然而，在我国碳达峰碳中和“3060”两阶段目标背景下，针对环境规制对碳减排影响的研究仍不充分，多数文献是从经费投入角度考察碳减排效应，对于公众参与型环境规制工具对碳排放影响的研究仍然较少。

第二，在基础理论方面，现有文献围绕环境规制的理论进行了大量研究、验证和拓展，虽然部分研究结果不一致，并基本对不一致的原因都进行了进一步的分析，但对于环境规制区域协同对碳减排效应和机理的分析零散，基于现有理论推导影响机制的研究相对不多，特别是从环境规制协同的角度，推导其对碳排放影响机理的研究较少。

第三，在影响效应方面，无论是从规制政策的有效性出发还是从规制强度的影响因素、作用机理出发，学者都做了大量研究，不少成果分析了产业、能源、创新、贸易等因素对环境规制降低碳排放有效性的影响和异质性。但现有成果大多从单一规制手段入手，实证分析多种规制政策协同减排效应的较少。由于我国碳减排政策是顶层设计指导下的地方实践，各地政策在执行中存在一定差异，因此从城市尺度探讨环境规制协同的碳减排效应也有一定意义。

第四，在规制协同方面，现有研究对不同环境规制政策的协同度测度形成了不少计算方法，且得到了广泛采用，部分研究则从区域协同的视角研究了如何提升规制协同的路径和策略，但对于多重政策协同对碳减排影响的分析较少。

三、研究内容及创新之处

（一）研究内容

第一章，首先介绍研究背景，提出研究问题，强调研究意义，阐明现阶段我国通过环境规制促进碳减排的重要性。其次介绍了研究内容和技术路线，给出本书研究框架。最后总结创新点与不足之处。

第二章，首先，对区域间环境规制协同和区域内环境规制协同进行了概念界定。其次，基于污染的强流动性和负外部性分析跨区域环境规制协同动机，从政策、经济、气象、排放主体和排放分布的角度梳理区域间环境规制协同机制，从政府、企业、公众不同主体施策角度分析区域内环境规制协同机制。最后，利用耦合协调度模型，对国内区域间和区域内环境规制协同度开展测评，并初步分析协同情况。

第三章，通过建立考虑环境成本的生产函数模型，将碳排放作为一种生产要素引入模型，分析环境规制对企业生产、创新和迁移的影响；基于环境规制对区域碳减排的影响路径，在本书理论模型基础上假定条件，推导环境规制通过产业结构优化、绿色技术创新和外商直接投资影响碳减排的机理；进一步地，通过理论推导，分析环境规制协同对区域碳减排总量、强度和成本的影响。

第四章，以省域为单位，基于门槛模型实证分析环境规制对区域碳减排影响的门槛效应，进一步使用前文测算的区域环境规制强度，检验区域间环境规制协同对碳减排是否存在门槛效应。

第五章，利用双重差分方法分析碳排放权交易与低碳城市试点政策的协同实施对于减少城市二氧化碳排放的作用，进一步通过机制分析考察碳减排有效途径，通过异质性分析政策组合对各类型城市的减排效果。

第六章，利用双重差分方法分析碳排放权交易与环境信息公开评价政策的协同实施对于减少城市二氧化碳排放的作用，进一步开展机制分析和异质性分析。

第七章，利用双重差分方法分析低碳城市试点与环境信息公开评价的协同实施对于减少城市二氧化碳排放的作用，进一步开展机制分析和异质性分析。

第八章，总结研究的主要结论，在此基础上提出对策建议，并对未来研究进行展望。

（二）创新之处

本书通过对环境规制及环境规制协同概念的阐释，在总结前人相关研究的基础上，深入探讨环境规制对碳排放的作用机理与效应以及环境规制协同的测度及其对碳排放的效应，然后重点研究了几类环境规制协同的碳减排效应。本书主要创新性工作如下：

1. 提出了环境规制协同的概念及测算

当前有关研究对于环境规制协同度测算的手段相对不多，更缺少从环境规制协同的不同视角来测算协同度的研究。本书在现有研究的基础上，进一步从区域协同和政策协同两个层面理清了环境规制协同作用的机理，并且利用耦合协调度模型测算了两种视角下的规制协同度，拓展了环境规制研究的视角。环境规制协同分为区域内协同与区域间协同，区域内协同是指一个区域内，行政命令型、市场激励型、公众监督型三种类型的环境规制协同；区域间环境规制协同是指不同区域间环境规制强度或水平的相当，这样有利于阻止污染企业的迁移。区域内环境规制协同可利用系统耦合协调度模型进行测度；区域间环境规制协同则首先需要根据地理邻近性、经济关联性、气象关联性、污染分布、污染溢出五个方面确定适宜协同的区域，然后建立对话机制、组织机制和协调机制促进环境规制协同机制的建立，最后通过建立指标体系对协同度进行测评。

2. 从生产函数角度深入研究了环境规制及其协同对促进碳减排的理论作用机制

当前有关研究中，学者大多利用文献分析、归纳推理等方式研究环境规制对污染排放的影响路径，利用经济学模型开展推导的较少，且少有针对环境规制协同对碳排放影响的数理推导。本书从生产函数角度研究了环境规制及其协同对促进碳减排的理论作用机制，通过将碳排放作为生产要素纳入生产函数模型，建立含有环境成本的C-D生产函数模型和CES生产函数模型，分析非期望产出对企业生产的影响和生产要素弹性，研究环境规制对企业生产、企业绿色创新和企业迁移决策的影响，从减排总量、减排强度、减排成本深入研究了环境规制协同对区域碳减排的影响。

3. 提出了环境规制及环境规制协同对区域碳排放具有门槛效应

以往研究针对环境规制促进碳减排门槛效应的较少，本书通过建立环境规制对碳排放的门槛模型检验了环境规制对碳排放的门槛效应，以经济发展水平和人力资本为门槛变量，发现在经济发展水平、人力资本水平、技术创新水平的不同阶段，环境规制协同对碳减排的影响表现出异质性。

4. 引入双政策协同变量，构建双重差分模型，研究了几类典型的环境规制政策的协同减排效应

创新碳减排环境规制政策推动多种政策间的协同作用，是有效降低碳排放、推动绿色低碳发展的前提条件。以往文献对于环境规制影响的研究多集中在单个政策或环境规制整体强度，对于具体政策协同作用研究较少。本书重点研究了三类环境规制政策的协同减排效应。一是碳排放权交易与低碳城市试点政策的协同减排效应；二是碳排放权交易与环境信息公开评价政策的协同减排效应；三是低碳城市与环境信息公开评价的协同减排效应。

第二章

环境规制协同内涵、机理与测评

一、环境规制协同内涵与机理

（一）环境规制协同内涵

1. 区域间环境规制协同的内涵

环境规制协同分为区域间环境规制协同和区域内环境规制协同。区域间环境规制协同是指两个或多个区域之间的环境规制强度相当，避免出现环境规制“逐顶竞争”或“逐底竞争”效应。“逐顶竞争”效应是区域之间为了防止区域外部污染的流入，不断强化环境标准，提高污染企业进入门槛，加大污染处罚力度，区域之间竞相提高环境规制水平的一种现象；“逐底竞争”效应是地区政府间为扩大本地区经济发展规模，不断降低环境规制标准以吸引企业进入，达到扩大招商引资，提高发展增量的现象。通过实现区域间环境规制协同，能够防止污染企业从环境规制水平高的地区迁移到环境规制水平低的地区，阻止了污染主体从一个地区迁移到另一个地区，从而避免出现“污染避难所”效应。区域间的环境规制协同可以是政府间的环境政策、计划、制度、行动方案的协同，协同能否顺利进行取决于政府间利益的协调，是否建立多方对话机制和跨横向区域的组织协调机制。

在推进区域间环境规制协同方面，我国已经开展了诸多有益探索，比较典型的案例是京津冀及其周边地区、长三角地区的污染防治协同机制建设。自2013年开始，我国先后建立了京津冀及其周边、长三角、珠三角等重点区域的大气污染防治协作机制[124]。2013年9月，环境保护部、发展改革委等6部门联合出台《京津冀及周边地区落实大气污染防治行动计划实施细则》，明确了污染物协同减排、机动车污染统筹防治、产业结构优化调整、能源清洁化利用等协同减排任务。2013年和2016年分别成立了京津冀及周边大气和水污染防治协作小组，2018年升级为京津冀及周边大气和水污染防治协作小组。2015年11月，京津冀三地环保厅（局）正式签署《京津冀区域环境保护率先突破合作框架协议》，推动三地统一立法、统一规划、统一标准、统一监测、协同治污。2022年1月，京津冀三地生态环境部门联合制定《关于加强京津冀生态环境保护联建联防联治工作的通知》，成立京津冀生态环境联建联防联治工作协调小组，共同推进区域生态保护。长三角各省市也非常重视推进环境规制协同，2020年6月长三角三省一市生态环境厅（局）共同签署《协同推进长三角区域生态环境行政处罚裁量基准一体化工作备忘录》，出台生态环境处罚裁量基准规范。2019年12月，中共中央、国务院印发实施《长江三角洲区域一体化发展规划纲要》，推动区域环境协同治理，制定分工合作、优势互补、统筹行动的共治联保方案，推动长三角各省市加强生态空间共保。

2. 区域内环境规制协同的内涵

区域内的环境规制协同是指区域内不同类型环境政策的协同实施。不同类型的环境规制政策协同配合能够作用于不同的主体，有利于形成多元共治的局面。例如，低碳城市试点政策与碳排放权交易试点政策同时实施，或环境信息质量公开政策与低碳城市政策同时实施，对于区域的碳减排效果优于单一政策，形成区域内的环境规制协同效应。合理搭配区域内的环境规制政策，是形成环境规制协同效应的关键。部分环境规制政策的同步实施，也可能产生政策效果的对冲效应，或造成规制过强影响经济正常发展。因此，管理者需要尽可能从微观层面提升两个或多个规制政策实施时的协同效应，降低对冲效应。另一种角度解释的区域内环境规制协同是指区域内不同类型环境规制水平相当，如命令型、市场型、公众型三种环境规制水平的相当，命令型环境规制代表政府的作用，市场型环境规制代表市场的作用，公众型环境规制代表公众媒体的作用，这三种类型的环境规制水平或强度相当，则能整体提升整个地区的环境规制水平，在能够相互协调的环境规制政策作用下，共同促进地区碳减排或地区污染治理。反之，如果三类环境规制水平和强度差异较大，如命令型环境规制水平很高，而市场型环境规制水平很低，则可能造成政府推进政策实施压力提高，企业和公众参与积极性不高的局面，无法提高碳排放主体减排的内生动力，政府政策短期见效而不可持续。因此，只有区域内各类环境规制协同配合、均衡提升，才能更有利于达到更可持续的碳减排效果。

（二）环境规制协同机理

碳排放同污染排放一样，具有很强的空间流动性和空间集聚特征，这种跨区域的流动性和溢出效应意味着碳减排不能局限于单纯的属地治理模式，依赖单个行政区的政策作用。碳排放是一种典型的公共物品，具有非排他性和非竞争性以及负外部性的特点，其公共物品属性导致各主体都可以回避减排责任，而且无需承担治理成本[125]。因此，当前以行政区划为界限的属地治理模式秉承“谁污染谁治理”“谁治理谁受益”的原则，缺乏跨区域的应急协同机制，缺乏协同的组织机制和对话机制，就会导致跨区域治理中经常出现难以实现有效互动，信息难以顺畅沟通，资源难以协同调度，责任难以区分边界，管理资源难以有效整合，对于现有碳排放或环境污染的跨区域迁移流动应对不足。在环境治理新时期，单一的属地治理模式难以奏效，而是更强调多个主体参与、不同属地的多元共治。同时，由于碳排放涉及的领域、主体较多，减排思维也不能局限于单一政策，而应更加注重多管齐下的政策协同。局部严格的环境规制并不能显著改善区域整体的环境绩效，只有突破行政边界，让各领域、多主体形成合力才能有效提升碳减排绩效。

1. 跨区域环境规制协同机理

污染具有强流动性和负外部性特征，污染总是会从环境规制强的地区向环境规制弱的地区流动或迁移。例如，污染企业在环境规制水平高的地区需要付出更高的环境成本，为了转移环境治理成本，企业将从环境规制水平高的地区迁移到环境规制成本低的地区，这样污染也就随着企业的迁移转移到了环境规制水平低的地区，即触发了“污染避难所”效应。即使污染企业本身不迁移，但是为了躲避高的环境治理责任，企业也可能将污染直接排放到环境规制低的地区，这样也导致了污染的流动。如果各地区的环境规制水平相当，也即地区间存在环境规制的协同，企业为了追求更大的利润，只有进行绿色技术创新，形成持续的竞争优势，才能更有利于阻止污染的流动，进而触发波特效应。因此，为了防止污染从环境规制水平高的地区向环境规制水平低的地区转移，各地区就要联合起来协同治污，共同提高环境规制水平，形成环境规制水平相当区域。这也就是环境规制协同产生的动机。跨区域环境规制协同机制如图 2-1 所示。

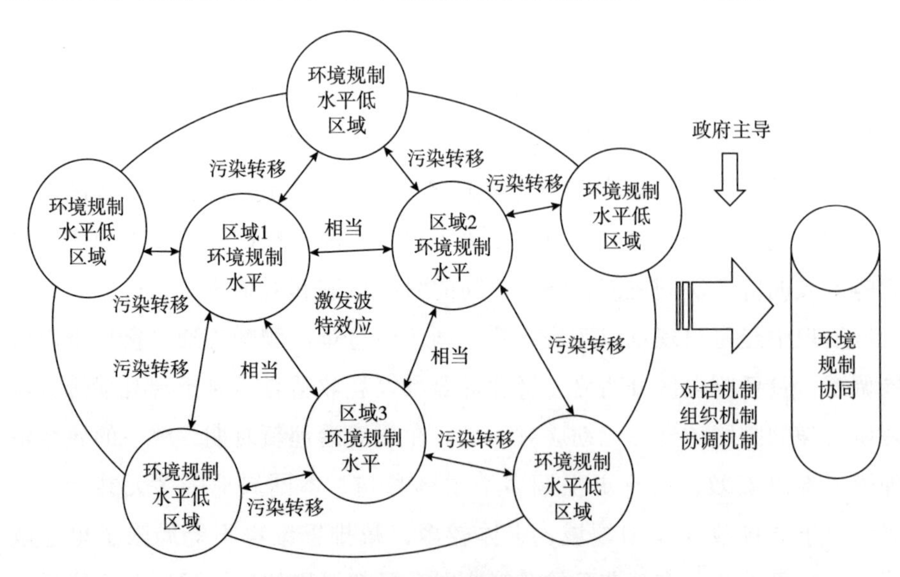

图 2-1　跨区域环境规制协同机制

跨区域环境规制协同指横向跨区域污染的协同治理，实际上是指在不同地区的政府、市场、企业以及社会公众之间在碳减排方面进行有效的协同。跨区域环境规制协同的目的，就是要突破单一的属地治理模式，尤其是打破行政区划界限，从而实现跨区域多种主体协同治理一体化。

由于碳排放和污染排放存在公共物品属性，对于跨区域的减排治理，往往存在区域间“搭便车”现象，不采取有效的减排措施，将可能引发公地悲剧。所以，需要构建以政府主导的治理模式，打破区域之间的政策壁垒，以此解决跨区域协同治理中的政策配合问题，充分促进不同主体之间的协同合作，促进跨区域政府之间的合作、不同创新主体之间的合作以及公众之间的合作。要调整和转变政府的运行模式和机制，主要强调政府的主导作用，制定跨区域的协同治理策略，进一步规划引导区域之间协同治理，形成制度化体系，鼓励区域之间资源优势互补以及成果转化。

但是，政府主导并不意味着政府的绝对权威性，政府在主导横向协同治理的同时，要积极调动多层次主体参与治理，充分发挥市场化和公众参与治理的作用，既有不同区域之间的政策障碍等问题，还有利益冲突以及不同主体之间的合作困难。因此要对不同区域和层次进行协同控制，除了进行政策协同之外，还有加强协同平台建设，保障跨区域协同的无障碍。同时带动企业和社会公众共同发力，政府要发挥纵向推动和横向主导的双重治理力量。双向的协同治理模式不再单纯依靠政府进行行政层面的协同，而是需要政府带动公众、企业和社会共同参与的双向综合型的协同治理方式，以此推动跨区域的多层次和多主体之间有效协同治理。

跨区域环境规制协同机制能否成功建立，依赖于相邻区域的政策、产业、气象和污染条件，包括地理邻近、产业协作、气象关联、污染现状和污染源分布五个方面要素。从五大要素出发，区域间环境规制的协同机制原理如图 2-2 所示。

（1）对邻近区域政策的依赖。根据政策网络理论，国家对于公共事务治理的效果不仅仅依赖于官方组织，更与其他利益相关方高度相关[126]，地理距离越邻近，则政策主体之间的依赖也越强[127]。对于污染排放（碳排放），地理距离越邻近，则污染迁移可能性越大、便利度越高、成本投入越低。因此，相邻地块的区域对于协同治理的意愿更强。

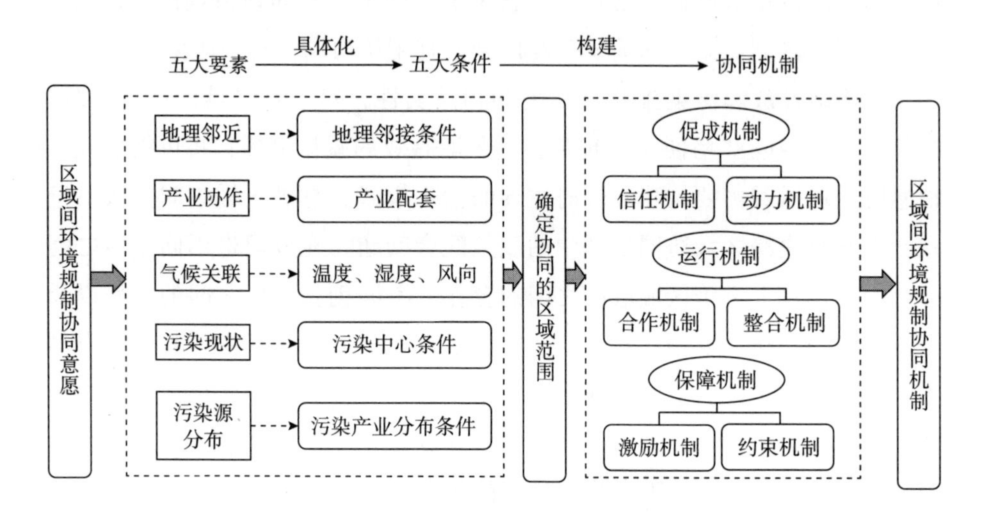

图 2-2　区域间环境规制的协同机制原理

（2）对产业协作程度的依赖。污染排放（碳排放）的迁移需要伴随企业主体的转移，而转移目的地的产业配套是产业转移需要考虑的重要因素。地区间的产业链协作是企业相互关联的表现，产业关联度高、互为产业链配套的地区往往更容易产生相互的产业转移。此外，产业关联度高的地区，由于产业协作关系，在开展环境治理时也倾向于加强地区间的治理合作。

（3）对气候因素关联的依赖。污染气体（二氧化碳）排放在空气中，其在自然界传播会受气温、湿度和风力等气候因素影响。特别是风力因素，会同时影响排放物的传播方向和传播速度。因此，地区的污染治理协作必须考虑污染气体（二氧化碳）在空气中传播的时空分布。

（4）对污染现状的依赖。所谓污染现状，就是推动联合治理时，各区域污染物在空气中的浓度、排放速度等情况。在我国环境污染治理政策实施中，污染物浓度较高的地区往往是治理的重点对象，也是降低污染排放的关键区域、环境规制政策作用的重点区域。

（5）污染源分布的依赖。源头治理是减排的重要手段。受气候因素影响，污染源的排放可能会溢出到周边地区，产生极强的负外部性。因此，针对环境问题的区域协同治理，往往会遇到跨区域斩断污染源的情况。

识别是否可以建立环境规制协同的区域后，就可以建立区域间环境规制联动的运行机制与保障机制。运行机制包括区域协同减排和污染治理的合作机制、整合机制。合作机制是协同联盟体内各利益主体本着自愿的原则，在充分沟通交流的情况下，组成地位平等的联盟者共同参与碳减排和污染治理，建立“一体谋划、一体部署、一体推进、一体考核”的制度体系。整合机制是在协同体内进行资源的整合和优化配置。保障机制包括区域协同减排和污染治理的激励机制和约束机制。激励机制可从配额激励、补贴激励、项目激励、基金激励等方面考虑。约束机制可从碳排放总量和碳排放强度方面考虑。

生态资源具有非竞争性和非排他性特征，属于公共产品范畴，存在消费外部性。对生态资源的使用，容易产生环境资源配置的市场失灵现象。我国各地的碳减排都是以政府为主导、企业为主体开展，区域碳减排协同也不例外，因此在区域协同减排中，最关键的是各地方政府如何在环境制度、政策、计划和行动上进行协同。包括省级区域政府之间，地市级区域政府之间，县区级区域政府之间，乡镇级区域政府之间，在环境制度供给、环境法规执行和环境监管上的互动与协同，政府行政部门如何建立有效的对话机制和组织机制，以保障不同区域在制度与政策层面的协同开展。

省域层面协同、地市层面协同的实现机制设计。按照五大要素确定协同的省域范围和地市范围，由于这两个层面的协同单位是较高一级的行政主体，在碳减排协同中更侧重于制度、计划和政策上的协同，如环境标准的统一、执法的协同、环境监管的协同、环境税率的协同、建立区域统一的碳交易市场、建立联合监管数字化平台，制定区域协同体内统一的“双碳”时间表和路线图等。通过社会网络分析方法评价其目前的协同状况，根据减排责任给出碳减排协同的方向。

县区层面协同、乡镇层面协同的实现机制设计。按照五大要素确定协同的县域范围和乡镇范围，这两个层面是更低一级的行政主体，在碳减排协同中更侧重于执行层面的协同，如实施方案的协同、条例细则的协同、措施的协同、项目的协同、部门的协同、人员的协同、任务的协同等。

2. 区域内的环境规制协同机理

区域内的环境规制协同指区域内各类环境规制水平相当，各种类型的环境规制相互协作，共同作用于碳减排或污染治理。环境规制工具的区域内协同是指同一区域内多元环境治理主体之间的协同治理，多元主体共同治理的核心为多元主体之间的协同，更多的是以不同的利益相关者为基础进行的权责协同，形成强大合力，发挥各自不同的环境治理功能，提升环境协同治理效率。因此，本书所研究的纵向区域内协同是基于不同治理主体而言的，是区域内政府从上到下推动的多元主体之间进行的权责协同。治理区域内碳排放问题不能仅仅依靠政府，必须充分调动各类企业、广大公众的积极性，建立多元主体共同参与、协同治理促进碳减排的治理机制。

（1）政府具有主导性作用。全球环境治理经验表明，有效的治理离不开政府的主导作用。政府要明确责任和定位，在多元主体协同治理体系中积极宣传低碳环保理念、提供政策和财政支持，有效进行执法和监督，加强对环保的高度重视。在促进碳减排和低碳经济转型过程中依靠政府自上而下的命令控制型环境规制工具进行推动具有重要意义，政府的有效监管可以提高企业环境绩效和透明度，但是应配合使用其他环境规制工具，如征收更加合理的环保税、进行合理生态补偿等。同时，政府要优化政绩考核体系，积极推动区域内各地方政府合作保护环境。

政府主导作用主要体现在以下几方面：第一，政府必须适当介入和监管，促进污染企业积极防污治污；第二，采取有效的政府补贴刺激和提升环境规制工具对技术创新的积极作用，从根本上推动工业企业降低碳排放，提升碳排放效率。

（2）企业具有主体作用。企业是碳排放的主要来源，在多元主体协同环境治理中应该充分发挥企业的主体作用，调动其碳减排的积极性。企业应该在日常经营中重视环境效益，提高社会责任意识，积极宣传环保理念，注重科技创新，推动排放模式由传统的“高排放、高能耗、高消耗”向“低碳、绿色、环保”转变，降低污染排放，实现清洁生产。国有企业主要通过外部融资来减少碳排放，私营企业和外资企业通过增加污染排放投资促进碳减排。但减排还取决于企业是否具有强烈的社会责任意识和行为。社会责任意识淡薄的重污染企业，为规避本地严格的环境规制工具会迁移至环境规制工具宽松的相邻地区，进而加剧相邻地区污染排放；社会责任意识强的企业能采用技术创新来提高生产效率，以减少环境污染和破坏。

（3）公众具有参与和监督作用。公众是参与环境治理中数量最大、范围最广的主体，新《环保法》提出了“公众参与”原则。环境治理仅仅依靠政府和企业的力量是远远不够的，必须动员广大社会公众，保证公众能利用听证会、环境信访、电话、微信、网上评议等多种方式和渠道进行反映和监督，以此推动环境治理。

公众作用体现在：第一，监督地方政府的环境规制工具行为。由于我国的财政分权使得有些地方政府仍以发展经济为主而忽视环境治理，而且我国地方政府是环境规制工具的执行者，这就需要公众替代中央政府对地方政府不规制或不执行进行监督，如公众更关注与环境污染和环境保护相关的负面新闻。第二，对企业环境污染行为进行约束，通过举报、上访、投诉等方式曝光企业负面信息倒逼企业抑制污染排放。公众环境诉求和舆论对重污染企业技术创新产出、投入、生产效率有积极影响。第三，改变自身消费理念、提倡节能减排。例如，低碳出行，更倾向绿色产品消费等，以此推动企业改善产品结构，抑制碳排放。

区域内环境规制协同作用机理如图 2-3 所示。区域内的环境规制协同主要是通过政府、企业、公众不同主体实施的政策、措施和行为对污染排放进行协同治理。政府实施的环境规制为命令型环境规制，具有强制性，主要是通过法律和行政法规来实施各类环境规制政策，如环境污染治理投

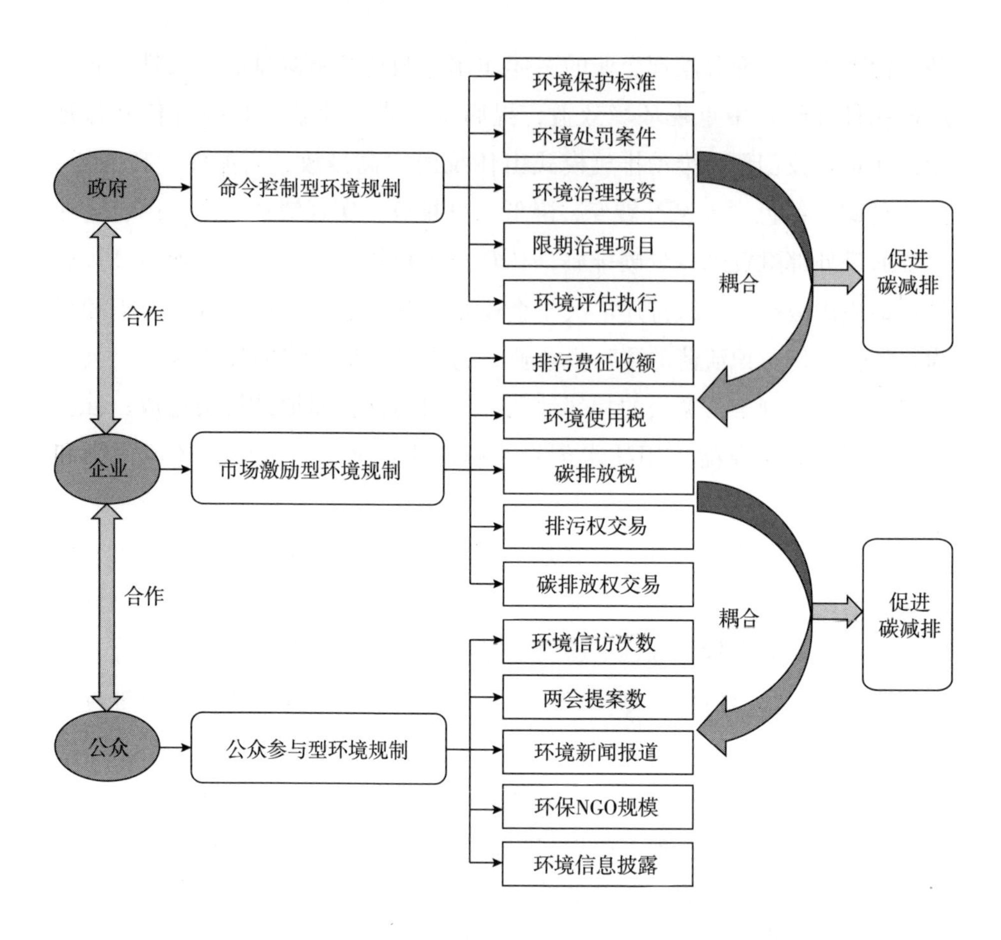

图 2-3　区域内环境规制协同作用机理

资额、污染排放许可、环境行政处罚案件数等。企业实施的环境规制为市场激励型环境规制，市场激励型环境规制通过将环境成本内部化，企业为实现最大收益将环境污染降到最低的市场型激励工具，如环境税、碳排放权交易等。公众实施的环境规制为参与型环境规制，公众、媒体以及社会团体等通过多渠道向企业施加压力，使得企业自愿降低污染排放，如环境提案、环境污染新闻报道、环境信息披露等。因此，区域内的环境规制协同主要是通过命令控制型、市场激励型、公众参与型环境规制协同作用，达到降低污染排放和加强污染治理的效果。这种协同是一种耦合协同，相当于命令控制型环境规制系统、市场激励型环境规制系统、公众参与型环境规制系统的耦合，只有三个系统协同作用、共同发力，才能达到减排治污的最佳效果。

二、区域间环境规制协同的测评

（一）协同区域选择

区域间环境规制协同主要是地区政府间制定的政策、制度、计划与行动方案的协同，根据前述环境规制协同的机理，参照胡志高（2019）[106]分区域方案设计，按照图 2-2 所示的区域间环境规制的协同机制原理，由地理邻近、产业合作、气象关联、污染现状和污染源分布等关系确定环境规制协同的区域范围。

其中，地理临近考虑相邻省市优先原则；产业合作以经济联系度来衡量，采用 $R_{ij}=\frac{\sqrt{P_iE_i}\times\sqrt{P_jE_j}}{D_{ij}^2}$ 测度经济量度，其中，P 为地区总人口，E 为地区国民生产总值，D 为两地中心距离，i、j 为地区，经济联系度越高则产业合作越紧密；气象关联主要以风向判断，处于风向路径经过的地区气象关联更强，由于国内风向存在季候因素，且风路较多，因此气象关联主要作为验证条件，即验证其他条件选择的联合区域是否满足气象关联条件；污染现状是指污染排放水平是否高于全国平均水平，高于平均水平的，应加强联合治理；污染源分布是指将高污染地区和同类型污染排放较高的地区作为重点治理对象进行联合治理。在以上选择条件下，确定七大联合治理的区域分别为：京津冀及内蒙古，长三角的上海、浙江、江苏和安徽，东北的辽宁、黑龙江、吉林，长江中游的江西、湖北和湖南，东南的福建、广东、广西，中原的山东、河南、山西和陕西，西南的四川、云南、重庆和贵州。区域间环境规制协同的分区域选择方案如图 2-4 所示。

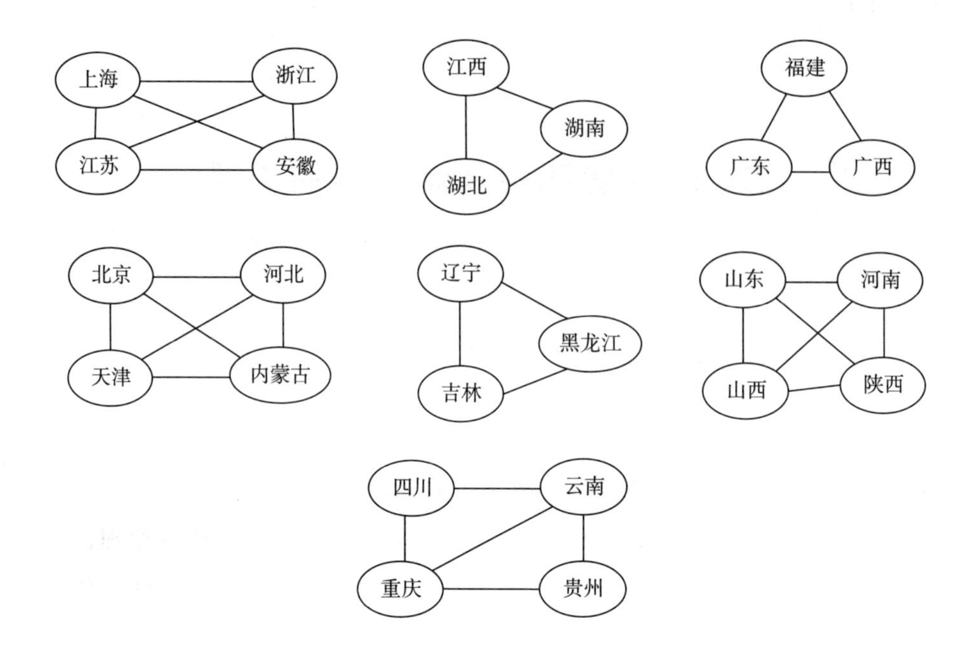

图 2-4　区域间环境规制协同联合区域选择

（二）协同度模型构建

将两个省域区域看成两个系统，当两个系统的环境规制水平相当，污染就不会从一个区域流入到另一个区域。

基于耦合协调度模型的环境规制评价是借鉴物理学中的容量耦合系统模型，两子系统的离差系数越小，则两个子系统的耦合度越高。两个子系统的离差系数如下：

$$E=\frac{S}{\frac{1}{2}[f(x)+g(y)]}=2\sqrt{1-\frac{f(x)g(y)}{\left[\frac{f(x)+g(y)}{2}\right]^2}} \tag{2-1}$$

其值越小则表明两个子系统的偏差越小，两个子系统的耦合度就越强；S 为标准差。

$$C'=\frac{f(x)g(y)}{\left[\frac{f(x)+g(y)}{2}\right]^2} \tag{2-2}$$

可以证明要使 E 取得最小值的充要条件是使 C' 取得极大值。C' 越大，E 越小，表明两个子系统的平均偏离度越小，耦合度越高。再根据子系统的个数 k，将系统耦合度修改为：

$$C=k\left\{\frac{f_1(x)f_2(x)\cdots f_k(x)}{\prod\limits_{i\neq j}(f_i(x)+f_j(x))}\right\}^{\frac{1}{k}} \tag{2-3}$$

但系统耦合有低水平耦合，也有高水平耦合，为了促进环境规制在高水平上的耦合，达到协调良性发展，即促进环境规制“逐顶竞争”的形成，需要在耦合度的基础上加上环境规制强度因子，为此进一步将耦合度修改为耦合协调度 $D=\sqrt{C\times T}$，$T=\sum\limits_{i=1}^{k}\alpha_i f_i(x)$，其中 α_i 为权重，$f_i(x)$ 为区域 i 的环境规制强度。这里的环境规制强度可以是单位产值环境治理投资额，或是单位产值污染排放总量，或是污染排放单位成本。

（三）指标选择及数据来源

区域间的环境规制耦合协同是指两个相邻区域的环境规制水平相当，耦合性好，则污染就不会轻易转移。当一片区域的环境规制水平耦合度高时，说明这一片区域都非常重视环境污染问题。在政府绿色经济增长考核框架下，各地方政府非常重视环境污染问题，竞相提高环境标准和企业进入环境门槛，企业也就不会通过转移污染产业而获取更大利润，而是通过绿色技术创新求得更多的发展机会；企业也不容易寻得“搭便车”的机会，而是承担起环境治理的社会责任。

国内外对环境规制强度的度量指标主要包括规制条例数量[128]、排污强度[129]、排污费收入[130] 等。但环境规制政策出台并不等于执行，政策执行也存在松紧差异，并非条理越多规制强度越高。排污强度不仅受环境规制强度影响，也受经济发展形势、企业经营状况等多方面因素影响。同样，影响排污费收入的因素也较多。因此，有必要从其他角度选择多种指标，综合测算环境规制强度。从以往研究和行政规则来看，地方政府的施政意志往往与财政投入高度相关，往往环境治理意愿越强、魄力越大的地区，其污染治理投资占当地 GDP 的比重越大。所以，污染治理支出占 GDP 比重是衡量地方政府环境规制强度的一个合适指标。

为了更加全面、系统和准确地测评区域间污染协同治理的情况，本书从污染治理投资额、污染排放强度、污染治理成本三个视角来反映区域间的环境规制协同程度。在此基础上，采用总协同度测算大气污染治理协同度：

$$D=\left\{\left[\frac{\prod_{i=1}^{n}ER_i}{\left(\frac{1}{n}\sum_{i=1}^{n}ER_i\right)^{n}}\right]^{k}\left(\sum_{i=1}^{n}\alpha_i ER_i\right)\right\}^{\frac{1}{2}} \tag{2-4}$$

其中，D 为环境规制区域协同度，ER 为环境规制强度，α 为 i 省的环境规制强度权重，n 为总的省份数，k 为调整系数，$k \geqslant 2$，本书取 $k=2$，各地区平均赋权。

1. 指标选择

一个地区的环境规制强度可从环境治理力度、污染排放强度、排污成本角度来衡量。环境治理力度越大，说明环境规制越强；污染排放强度越小，说明环境规制水平越高；排污成本越大，说明环境规制水平越高。环境治理力度用地区污染治理投资额占地区 GDP 比重表示；污染排放强度用工业固体废物排放强度、工业废水排放强度、工业二氧化硫排放强度表示；排放成本用地区污染治理投资额占污染排放总量比重表示。区域间环境规制协同度测评指标体系如表 2-1 所示。

2. 数据来源

指标数据来源于历年的《中国统计年鉴》《中国环境年鉴》《中国城市年鉴》，个别年份缺失的数据采用插补法补齐。

表 2-1　区域间环境规制协同度评价指标体系

一级指标	二级指标	三级指标	指标说明及单位
区域环境规制强度	环境治理力度角度	地区污染治理投资额占地区 GDP 比重	地区污染治理投资额/地区 GDP（%）
	污染排放强度角度	工业固体废物排放强度	地区工业固体废物排放量/地区 GDP（吨/万元）
		工业废水排放强度	地区工业废水排放量/地区 GDP（吨/万元）
		工业二氧化硫排放强度	地区工业二氧化硫排放量/地区 GDP（吨/万元）
	排放成本角度	地区污染治理投资额占污染排放总量比重	地区污染治理投资额/污染排放总量（万元/吨）

（四）协同度测评结果分析

1. 从环境治理角度的测评

应用各地区 2008~2020 年的污染治理投资额占地区 GDP 比重，根据协同度计算模型［式（2-4）］，计算七大联合区域的环境规制协同度如表 2-2 所示，协同度变化趋势如图 2-5 所示。

表 2-2　七大联合区域的环境规制协同度计算结果：环境治理视角

年份＼协同区	京津冀联合区域	东北联合区域	中原联合区域	长三角联合区域	长江中游联合区域	东南联合区域	西南联合区域
2008	0.0252	0.0361	0.0213	0.0266	0.0299	0.0352	0.0392
2009	0.0114	0.0341	0.0198	0.0234	0.0213	0.0259	0.0254
2010	0.0068	0.0241	0.0173	0.0215	0.0257	0.0284	0.0210
2011	0.0039	0.0243	0.0289	0.0204	0.0224	0.0195	0.0183
2012	0.0125	0.0188	0.0207	0.0259	0.0192	0.0226	0.0110
2013	0.0075	0.0289	0.0317	0.0120	0.0317	0.0241	0.0189
2014	0.0115	0.0350	0.0429	0.0247	0.0271	0.0248	0.0151
2015	0.0196	0.0274	0.0322	0.0285	0.0256	0.0231	0.0138
2016	0.0125	0.0278	0.0346	0.0336	0.0199	0.0201	0.0130
2017	0.0120	0.0240	0.0228	0.0226	0.0177	0.0210	0.0185
2018	0.0018	0.0158	0.0192	0.0155	0.0117	0.0172	0.0168

续表

协同区 / 年份	京津冀联合区域	东北联合区域	中原联合区域	长三角联合区域	长江中游联合区域	东南联合区域	西南联合区域
2019	0.0015	0.0169	0.0264	0.0247	0.0094	0.0162	0.0121
2020	0.0013	0.0076	0.0135	0.0162	0.0085	0.0128	0.0120

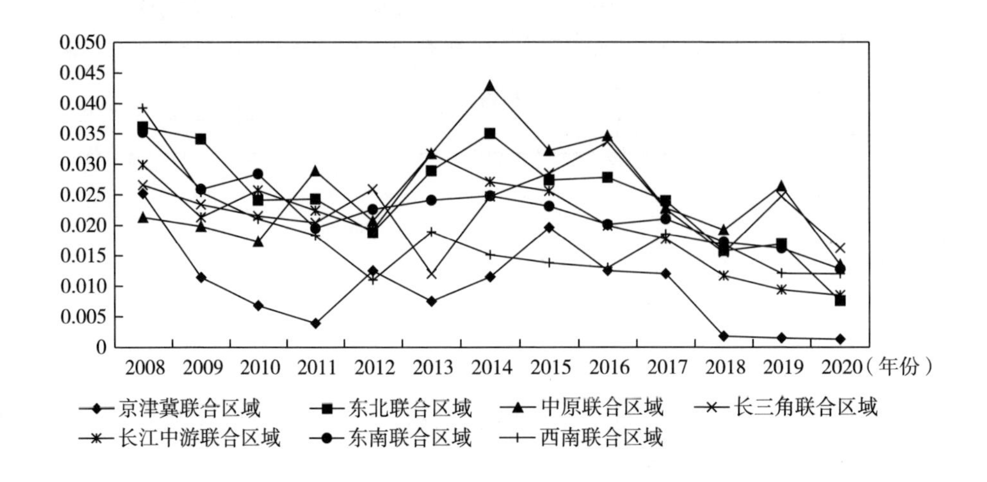

图 2-5　七大区域的环境规制协同度变化趋势：污染治理视角

从图 2-5 可以看出，七大区域的环境治理协同度呈现波动变化趋势，说明随着时间的推移，我国环境协同治理并没有取得明显的改善，这是因为我国环境治理主要是分权制下的环境治理模式，各环境治理主体秉承的是“谁排放，谁污染，谁治理”的原则，不同地方政府之间利益、目标难以协同，因此，虽然中央政府一直强调环境协同治理的重要性和紧迫性，但是整体协同治理进程缓慢。在七大联合区域中，京津冀联合区域的环境治理协同度排在最末位，可能是将内蒙古放在京津冀联合区域中，拉低了整个区域的环境治理协同度。环境治理协同表现较好的是中原联合区域、东北联合区域，这两个联合区域是全国污染较为严重的地区，污染治理投入力度大，治理绩效较好，因此，从环境治理角度表现出协同状况较好。东南联合区域属于国内植被覆盖率较高、绿色发展较好、经济快速发展地区，其污染协同治理情况也表现不错。

2. 从污染排放角度的测评

应用各地区2008~2020年的固体废物排放强度、废水排放强度、工业二氧化硫排放强度的加权平均，根据协同度计算模型［式（2-4）］，计算七大联合区域的环境规制协同度如表2-3所示，协同度变化趋势如图2-6所示。

表2-3　七大联合区域的环境规制协同度计算结果：污染排放视角

年份＼协同区	京津冀联合区域	东北联合区域	中原联合区域	长三角联合区域	长江中游联合区域	东南联合区域	西南联合区域
2008	0.0248	0.1196	0.0722	0.1420	0.1163	0.0896	0.0554
2009	0.0275	0.1287	0.0742	0.1525	0.1245	0.0962	0.0603
2010	0.0304	0.1429	0.0858	0.1704	0.1390	0.1066	0.0666
2011	0.0262	0.1499	0.0923	0.1752	0.1549	0.1622	0.0709
2012	0.0276	0.1613	0.1014	0.1903	0.1664	0.1746	0.0811
2013	0.0263	0.1711	0.1048	0.2055	0.1770	0.1902	0.0913
2014	0.0249	0.1780	0.1067	0.2075	0.1887	0.1985	0.1025
2015	0.0227	0.1809	0.1099	0.2137	0.1967	0.2163	0.1141
2016	0.0114	0.2481	0.1690	0.2273	0.2089	0.3210	0.1233
2017	0.0043	0.2771	0.1666	0.0830	0.2600	0.4312	0.1599
2018	0.0006	0.2865	0.1865	0.0945	0.2843	0.4426	0.1696
2019	0.0003	0.3195	0.2055	0.0648	0.3276	0.4119	0.1213
2020	0.0011	0.3285	0.2413	0.1322	0.5547	0.5077	0.2767

从图2-6可以看出，七大联合区域的协同度大部分呈现逐渐递增的趋势，即联合区域的环境规制协同状况在持续改善。2008~2015年，各个联合区域协同度变化比较平衡，波动幅度不大，但是在2015年后各联合区域协同度分化较大。京津冀联合区域的协同度一直呈现逐渐下降趋势，这是因为协同度计算的基本指标是“三废”排放的倒数所至，北京、天津、河北、内蒙古4省碳排放居高不下，雾霾、沙尘暴污染严重，虽然“十三

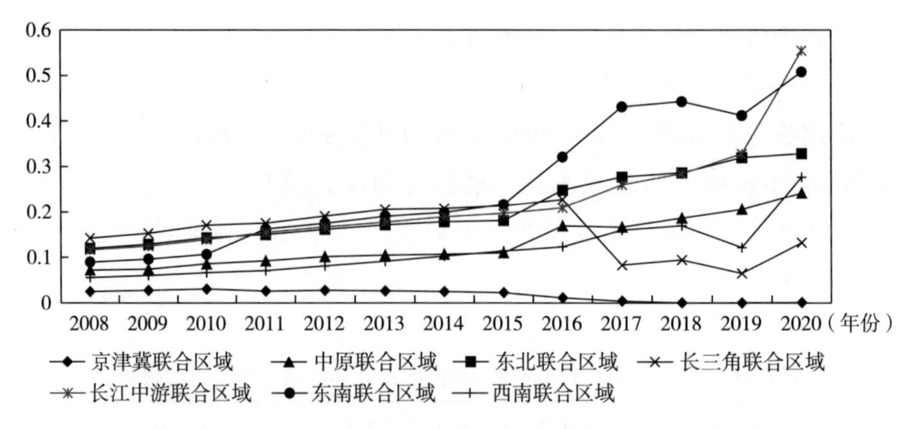

图 2-6　七大区域的环境规制协同度变化趋势：污染排放视角

五”时期加大了污染治理力度，但是由于生产基数和排放基数大，所以污染治理绩效并不明显，由此表现出京津冀联合区域环境规制协同状况不好；东南联合区域的协同度提高最快，说明广东、广西和福建 3 省在经济发展过程中注重绿色化发展，绿色生态建设较好；其次是东北联合区域和长江中游联合区域的协同度提升较快；长三角联合区域在 2016 年后协同度下降也很快，这也是因为长三角联合区域是工业快速发展和经济快速发展区域，工业快速发展中排放的“三废”数量大，因而呈现出较低的环境规制协同水平。

3. 从污染治理成本角度的测评

应用各地区 2008~2020 年的污染治理投资额与污染排放总量比重，即单位污染治理成本，单位污染治理成本越高，说明环境规制强度高；单位污染治理成本越低，说明环境规制强度低。根据协同度计算模型［式（2-4）］，计算七大联合区域的环境规制协同度如表 2-4 所示，协同度变化趋势如图 2-7 所示。

表 2-4　七大联合区域的环境规制协同度计算结果：污染治理成本视角

协同区 年份	京津冀联合区域	东北联合区域	中原联合区域	长三角联合区域	长江中游联合区域	东南联合区域	西南联合区域
2008	0.6004	0.9210	0.5635	0.6695	0.6501	0.7116	0.7694

续表

年份 \ 协同区	京津冀联合区域	东北联合区域	中原联合区域	长三角联合区域	长江中游联合区域	东南联合区域	西南联合区域
2009	0. 2046	0. 8819	0. 5339	0. 6079	0. 4787	0. 6040	0. 5071
2010	0. 1391	0. 6848	0. 4353	0. 5543	0. 6086	0. 5791	0. 5087
2011	0. 0993	0. 7123	0. 7701	0. 5806	0. 5670	0. 5077	0. 5194
2012	0. 3841	0. 5377	0. 5537	0. 7316	0. 4667	0. 5100	0. 3865
2013	0. 2697	0. 9524	0. 9896	0. 4360	0. 8665	0. 6061	0. 5873
2014	0. 4795	1. 1095	1. 2132	0. 7434	0. 7590	0. 6210	0. 5075
2015	0. 7512	0. 8723	0. 9666	0. 8462	0. 7541	0. 6108	0. 4871
2016	0. 5420	0. 9432	1. 1155	1. 1204	0. 5495	0. 5587	0. 4170
2017	0. 8864	0. 7572	0. 8851	0. 7580	0. 5874	0. 6514	0. 5578
2018	0. 1374	0. 4868	0. 8032	0. 5990	0. 4094	0. 5734	0. 5471
2019	0. 1071	0. 5006	1. 0028	0. 9256	0. 3023	0. 5335	0. 4186
2020	0. 0950	0. 2506	0. 5552	0. 7113	0. 2919	0. 4175	0. 3996

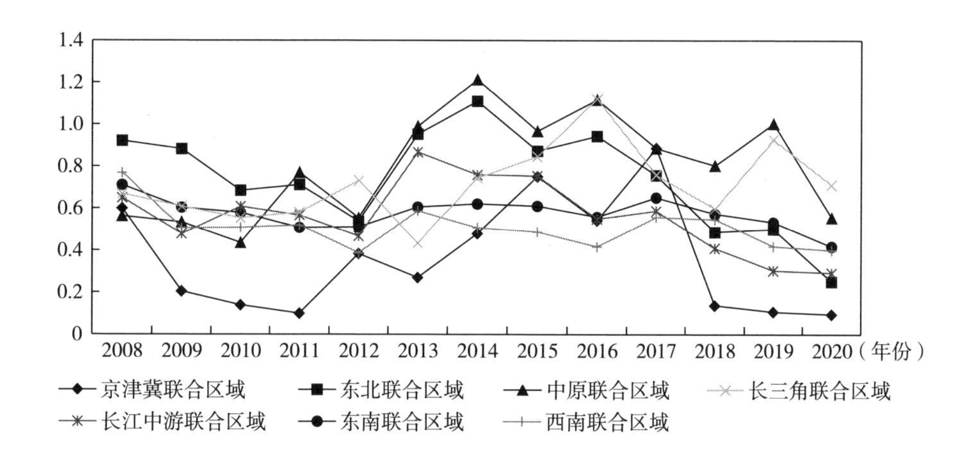

图 2-7　七大区域的环境规制协同度变化趋势：污染治理成本视角

从图 2-7 可以看出，从污染治理成本视角测度的协同度，七大区域同样呈现波动变化状态，虽然 2012～2018 年，协同水平有所提升，但在 2018 年后协同水平又呈现下降趋势，同样说明从整体情况来看，我国各区域的环境污染协同治理状况并没有大的起色，协同治理水平维持在较低的水平。因此，在“双碳”目标下，我国各级政府还需要拿出实际行动，推动地区层面的污染协同治理进程。京津冀联合区域的协同水平仍排在七大联合区域的最后，再一次说明京津冀联合区域的污染协同治理可能更多的是在中央层面的重视和推进，而地区层面的主动性并不够，中央发布的协同治理的文件较多，但是地区层面执行效率并不理想。中原联合区域和东北联合区域的污染协同治理依然较好，排在七大联合区域的前列。长江中游联合区域和东南联合区域的污染协同治理也较好，这些地区均是森林覆盖率较高、绿色发展较好的地区。由于从环境治理成本测度的协同度主要变量是各地区的环境治理投资额，因此其变化趋势与第一种情况（环境治理视角）测度的协同度的变化趋势基本相同。

三、区域内环境规制协同的测评

区域内的环境规制协同，主要考察的是区域内三类环境规制工具的协同，即命令控制型、市场激励型、公众参与型三类环境规制的协同。命令控制型具有强制性的作用，市场激励型是通过环境税、环境收费等形式激励环境污染企业主动进行环境污染的治理，公众参与型是充分发挥大众媒体的作用，监督政府或污染企业进行污染的防治。三类环境规制工具在污染防治中具有不同的功效，每一类环境规制工具都能有效地降低污染的程度，但是当三类环境规制工具协同作用时，其效果是最佳的。本节以省为单位，测度区域内的环境规制协同度。

（一）协同度测评模型构建

以省为单位，测评环境规制的协同程度，测评模型构建如下：

$$C=\left[\frac{f_1(x)f_2(x)f_3(x)}{\left[\frac{1}{3}(f_1(x)+f_2(x)+f_3(x))\right]^3}\right]^k \tag{2-5}$$

式中，C 为某个省域的环境规制协同水平，$f_1(x)$、$f_2(x)$、$f_3(x)$ 分别表示省域内的命令控制型、市场激励型、公众参与型环境规制程度，k 为调整系数，此处取 $k=2$。

由于环境规制协同水平既有高水平的协同，也有低水平的协同，即一个地区如果命令控制型、市场激励型、公众参与型环境规制水平都很高，它可以达到协同。另外，如果一个地区命令控制型、市场激励型、公众参与型环境规制水平都很低，它也可以达到协同。而高水平程度上的协同肯定优于低水平程度上的协同，所以为了体现该地区的环境规制水平，在上述协同水平的基础上增加区域的总体环境规制水平，上述模型修改如下：

$$D=\left\{\left[\frac{f_1(x)f_2(x)f_3(x)}{\left[\frac{1}{3}(f_1(x)+f_2(x)+f_3(x))\right]^3}\right]^k\times\frac{f_1(x)+f_2(x)+f_3(x)}{3}\right\}^{\frac{1}{2}} \tag{2-6}$$

式中，D 为省域的环境规制协同度。

（二）变量与数据选取

本部分为测度以省为单位的三类环境规制工具的协同度，根据数据可得性选取污染治理投资完成额表征行政型环境规制，环境税表征市场激励型环境规制，环境报道案件数表征公众型环境规制。各省的命令控制型、市场激励型、公众参与型环境规制数据如表 2-5 至表 2-7 所示。

表 2-5　我国各省 2011~2020 年工业污染治理投资完成额　单位：万元

年份 地区	2011	2012	2013	2014	2015	2016	2017	2018	2019	2020
上海	63602	115915	52077	177859	211726	519488	448240	80827	299377	90711
北京	10946	32840	42768	75695	99958	98770	156666	19384	7308	5122
天津	152848	125559	148366	220923	240072	103597	78305	72449	125944	74511

续表

地区 \ 年份	2011	2012	2013	2014	2015	2016	2017	2018	2019	2020
浙江	178373	283023	576645	675944	586017	601869	369011	353080	340650	505097
福建	142599	237635	383964	423817	446910	226267	147394	164162	127645	175766
江苏	310062	390144	593776	485096	621741	747786	447999	811733	599923	531335
广东	166420	280996	324634	378641	347103	264812	420272	273490	317016	235470
山东	624466	670633	843493	1416464	945934	1264063	1130995	675118	954348	519487
辽宁	116032	119447	276908	382184	189950	193853	130471	69238	121547	98020
河北	243399	236290	511769	889518	541596	248465	342738	987539	373871	129336
海南	27534	48279	35094	56152	13161	16138	34253	3576	6258	476
江西	66235	39478	155192	123466	147833	104485	106395	205246	201243	93009
山西	279450	323269	555609	311477	278738	300742	515241	387185	426034	284910
吉林	65624	57269	93731	163707	121203	98402	90702	28298	67771	8063
湖北	92873	148964	251745	262884	157976	369051	174632	137434	133861	198108
湖南	97039	179561	233655	173424	261425	127037	86090	70505	54788	33508
安徽	92793	127350	413195	176220	179450	415486	258955	199045	270492	243546
黑龙江	100891	39287	206988	177572	193396	173809	91220	73141	31850	40805
河南	213728	148347	439720	554592	330143	651538	504559	338292	424762	144548
重庆	49384	38226	78880	50284	59885	37141	60702	49057	37461	40176
四川	166537	110608	188392	232452	118259	116049	126934	163097	123260	244414
陕西	237248	271266	417562	334478	279915	194913	172274	167776	294610	194957
广西	86230	85644	183218	178909	247152	130433	75847	58273	48620	35534
宁夏	38735	69160	165486	272967	104318	242101	85551	79088	62335	60458
云南	137331	197259	238930	244003	215878	127174	59617	98665	119331	142339
内蒙古	310164	189715	626746	775439	438935	406191	421211	341327	254401	154407
新疆	106276	79106	220054	316542	158263	146370	134775	148555	149567	64729
贵州	131970	124663	195562	184765	107033	56904	53360	66125	89572	154911
甘肃	105338	210984	182144	176244	40526	109742	74957	67193	48765	33844
青海	27858	21880	30456	74508	49343	96249	15285	23118	38903	2897
西藏	1628	1775	9889	10283	2950	1116	694	718	0	2094

表 2-6 我国各省 2011～2020 年环境报道案件情况 单位：件

地区＼年份	2011	2012	2013	2014	2015	2016	2017	2018	2019	2020
上海	31896	27892	38736	49164	50204	50091	52133	50808	46730	43822
北京	40527	33776	46115	60045	56861	57329	58295	57647	50674	51162
天津	24714	22637	32807	39645	38745	37194	41818	38184	32767	30925
浙江	49181	39938	52037	66528	62156	61479	67068	62746	55290	52633
福建	30483	26477	35820	48315	46606	46648	51889	48552	42504	42148
江苏	42046	33647	45129	60427	60336	59756	65855	64311	57958	56240
广东	50770	39292	52437	72028	72597	73051	78615	76376	65670	61850
山东	42952	34232	44700	57504	58886	58659	67956	62061	53516	53799
辽宁	29706	26282	33223	44402	44503	42695	48261	47047	42676	40715
河北	31225	28310	41302	52937	50369	51452	56540	51886	45638	45929
海南	17767	10867	14033	16266	16594	16056	22636	20080	16759	17383
江西	24361	22130	28351	40923	36995	39592	45162	46031	37668	37360
山西	26869	25107	34511	45277	41560	42463	48327	43473	37359	37834
吉林	24420	21175	27866	36058	34905	35173	38589	38773	33476	33007
湖北	31720	27303	37716	47940	48906	48150	52483	51056	47470	44734
湖南	28164	25278	34933	47192	47255	45453	52944	50946	45322	43453
安徽	27505	23198	32421	46021	43832	42398	49947	48620	42878	42675
黑龙江	24102	21732	27628	38139	37232	36165	37450	38687	33889	32537
河南	32355	28565	41184	52840	53573	55883	62384	57670	51045	49817
重庆	26162	22292	29116	38593	38498	39633	46844	46087	40682	38681
四川	31084	27032	38322	51132	55374	61212	66119	59486	53582	51337
陕西	31331	25322	36593	47580	45492	44903	50759	48266	43672	41392
广西	25703	21091	30116	40062	35983	37048	41291	41148	36318	36239
宁夏	13952	10201	12335	16703	15475	16615	20461	19910	13332	14650
云南	24596	20623	29966	39004	37279	38399	41435	42072	37466	37346
内蒙古	22100	19267	27103	38421	35232	35800	39045	37722	32038	32943
新疆	21629	17774	23530	31056	28748	28884	33005	34012	27261	29194

续表

地区＼年份	2011	2012	2013	2014	2015	2016	2017	2018	2019	2020
贵州	24278	18494	25867	35365	34000	35138	40384	36923	34114	33101
甘肃	23560	17735	24440	32860	31431	29852	36132	33595	29325	31159
青海	6900	6487	8552	11180	12150	10564	17427	15067	10767	11951
西藏	4121	2296	2531	3645	1425	2850	4959	5196	3017	2835

表 2-7　我国各省 2011~2020 年环境税情况　　单位：万元

地区＼年份	2011	2012	2013	2014	2015	2016	2017	2018	2019	2020
上海	23497	18961	22421	17619	23831	35225	65184	18078	22501	19525
北京	2849	3103	3146	24725	25611	52926	59787	44768	96006	94395
天津	19644	19214	18697	36012	55385	53070	50594	35768	43005	31159
浙江	95439	86262	74605	94477	82643	93095	80909	22244	29163	28109
福建	37985	34095	33691	32094	38067	43880	44431	22164	29786	29678
江苏	200732	190582	199967	184006	170940	223380	248151	215222	358888	352416
广东	92264	87351	92938	85635	71211	78255	76721	46366	59644	56891
山东	139895	147638	158321	144588	135649	159245	212579	140345	184086	127812
辽宁	133550	128649	141254	125907	87150	103343	87534	38504	49339	50371
河北	148737	166539	166499	151087	163757	168701	254114	175714	273146	244852
海南	3469	3530	4516	4350	4443	5713	4457	5001	6237	8283
江西	63766	84307	84080	85803	83618	77582	84375	23651	32398	35144
山西	191457	126524	151279	114505	94039	111079	113466	112948	141788	125974
吉林	34791	33578	34413	32494	30464	36622	28975	13450	15580	14816
湖北	38673	40146	40554	42401	51642	59723	76231	43894	77150	58410
湖南	60153	60083	57008	55605	52132	49299	52102	31284	45456	41695
安徽	47147	56879	54315	56721	53010	56198	63507	29543	37237	32249
黑龙江	43712	43321	46884	34776	34609	42836	37646	16962	23286	22732
河南	92887	104390	95414	81577	78961	86912	75118	103101	106668	90392
重庆	37171	36342	38602	35598	39147	40267	40337	21412	28694	27077

续表

年份 地区	2011	2012	2013	2014	2015	2016	2017	2018	2019	2020
四川	60549	55326	73309	54842	49261	56138	65411	48552	60598	58562
陕西	51941	54654	60185	62066	58927	57244	54530	32931	47726	41361
广西	26394	26996	27562	23481	22695	36256	35203	28133	38799	41853
宁夏	15880	17796	16933	25933	20150	22395	28054	12226	16437	15708
云南	31565	36399	35773	34721	18913	21846	20286	21337	49588	58823
内蒙古	91842	98363	100501	87890	70695	97562	97836	86806	163373	197586
新疆	35850	46912	64443	67433	49166	59969	61756	33075	46297	43831
贵州	44454	51209	54499	43641	36926	43898	49461	45741	63484	59434
甘肃	26296	23296	23283	19657	23110	27389	22305	14236	21505	22611
青海	6370	6760	6947	7347	7463	8885	8080	6190	8440	8180

为便于比较分析，将东部省份、中部省份、西部省份工业污染治理投资完成额变化趋势用图 2-8 至图 2-10 来显示。

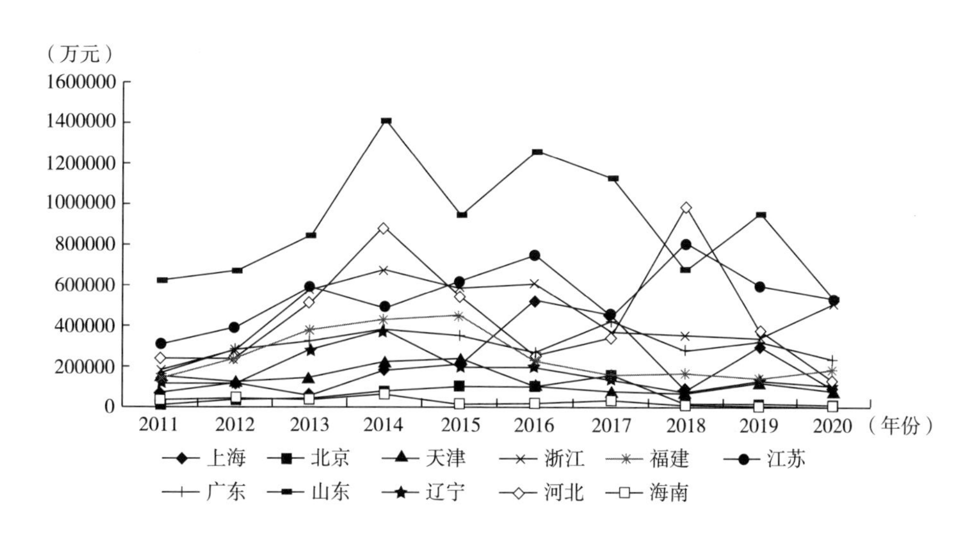

图 2-8　东部省份环境治理投资额

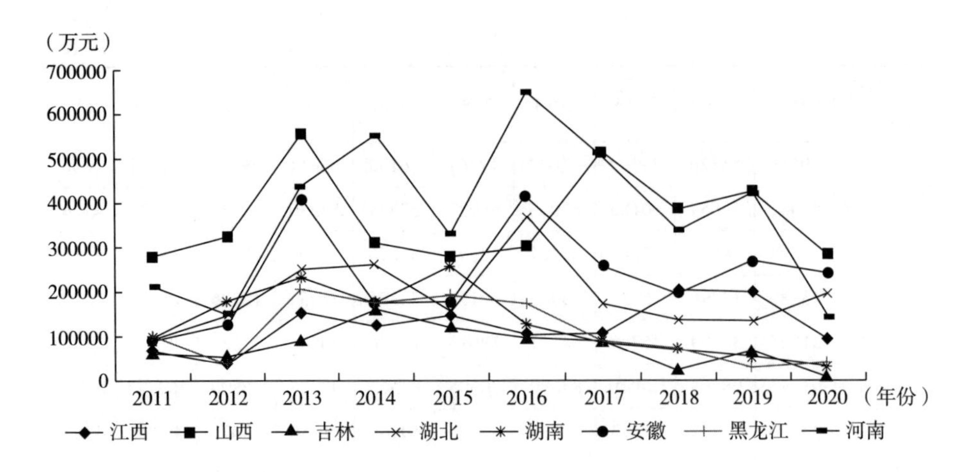

图 2-9　中部省份环境治理投资额

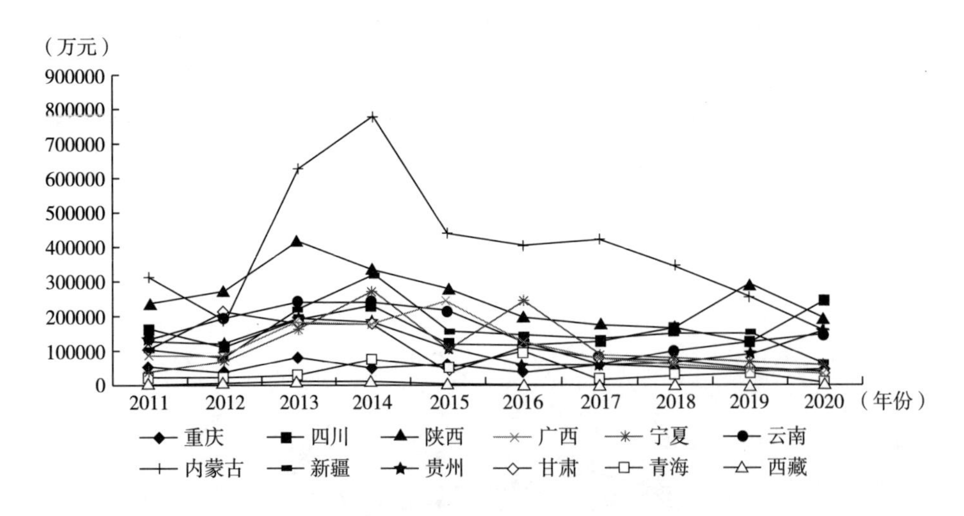

图 2-10　西部省份环境治理投资额

工业污染治理投资完成额反映的是命令控制型环境规制的水平，即政府对于环境治理力度的大小，也反映地方政府对于环境的重视程度。从图2-8至图2-10我国东部、中部、西部三个地区各省份工业污染治理投资完成额可以看到，东部省份污染治理投资完成额显著高于中部和西部省份，而西部省份除内蒙古外其他省份污染治理投资完成额均较低，东部地区最高的是山东，其次是江苏和河北；中部地区最高的是河南，其次是山西和安徽；西部地区最高的是内蒙古，其次是陕西。

为便于比较分析，将东部省份、中部省份、西部省份 2011～2020 年环境案件报道数量变化趋势用图 2-11 至图 2-13 来显示。

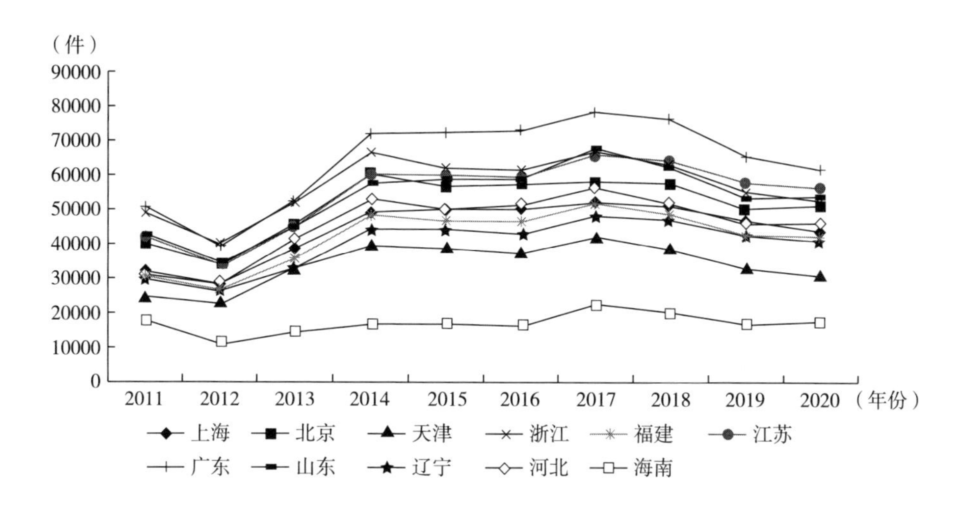

图 2-11　东部省份环境案件报道情况

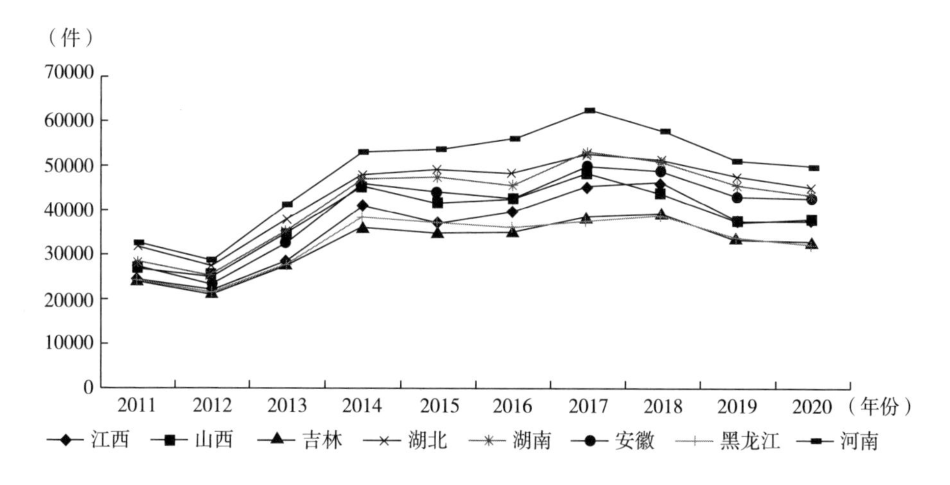

图 2-12　中部省份环境案件报道情况

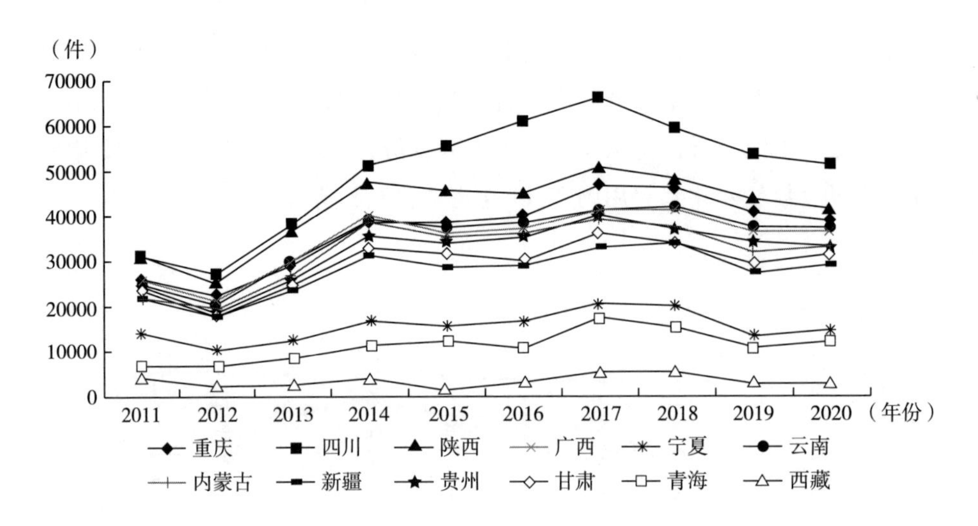

图 2-13　西部省份环境案件报道情况

环境案件报道数反映的是各地区的公众型环境规制水平，即社会媒体和公众对于环境的监督和关注程度。从图 2-11 至图 2-13 可以看到，我国各地区公众型环境规制水平在逐年提升，说明公众对于环境的关注程度越来越高，对于环境的需求也越来越高。东部地区最高的是广东，其次是浙江和江苏；中部地区最高的是河南，其次是湖南和湖北；西部地区最高的是四川，其次是陕西和重庆。由此看到，公众型环境规制水平的高低与地区的经济发展水平相关度最高，越发达的地区，公众型环境规制水平越高。

为便于比较分析，将东部省份、中部省份、西部省份 2011~2020 年环境税额变化趋势用图 2-14 至图 2-16 来显示。

环境税额反映的是市场激励型环境规制水平，即通过市场主体的作用，通过收益成本效应促使污染主体降污减排。从图 2-14 至图 2-16 可以看到，我国各省份环境税没有明显的增加，基本维持原地波动的状态，说明近 10 年来我国的环境税实施没有取得有效的进展，有的地方甚至还没有实施环境税政策，这与发达国家差距较大，发达国家主要依靠环境税来激励和约束企业的环境行为。东部地区环境税实施较好的省份是江苏、山东和河北；中部地区环境税实施较好的是山西和河南；西部地区环境税实施较好的是内蒙古。

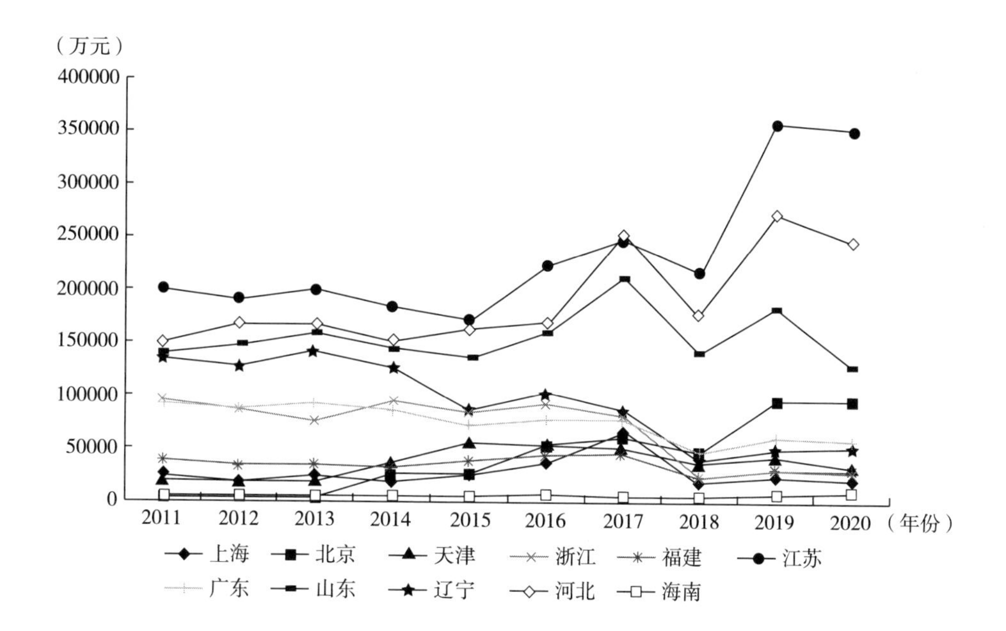

图 2-14 东部省份环境税情况

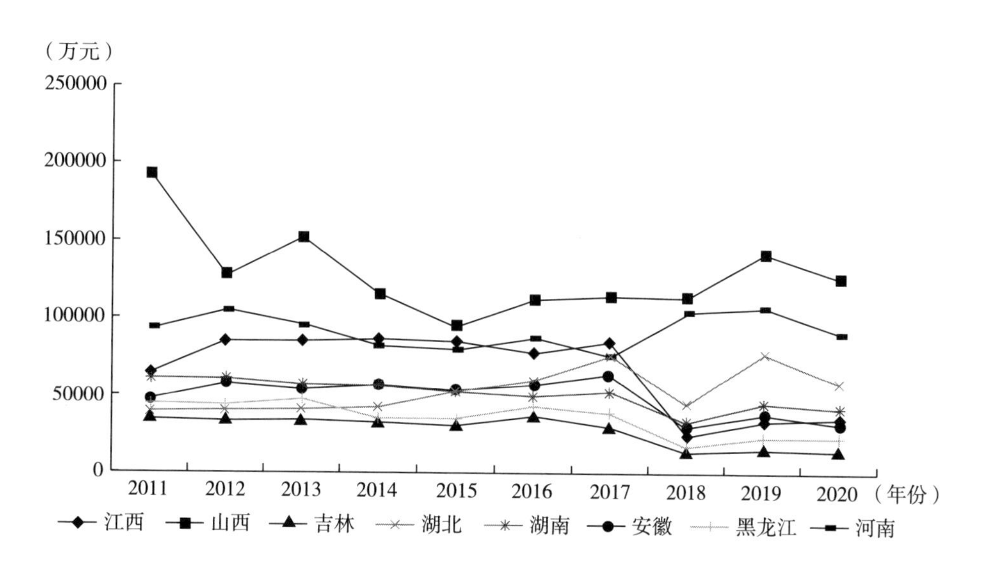

图 2-15 中部省份环境税情况

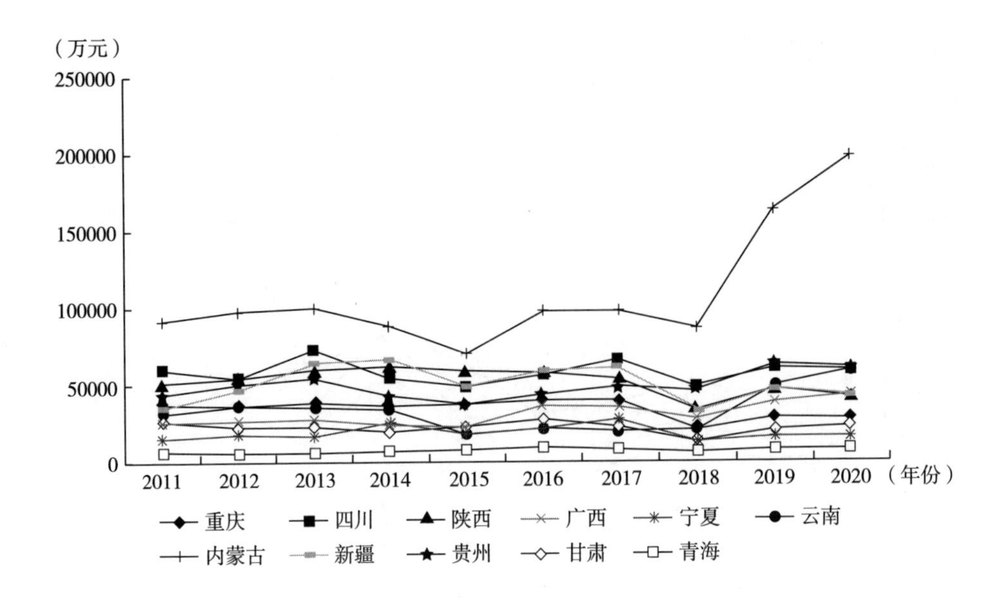

图 2-16　西部省份环境税情况

（三）协同度测评结果分析

根据区域内协同度计算式（2-6），计算我国 2011~2020 年各省的环境规制协同度，结果如表 2-8 所示。

表 2-8　我国各省 2011~2020 年区域内环境规制协同度

地区＼年份	2011	2012	2013	2014	2015	2016	2017	2018	2019	2020
上海	0.1521	0.0894	0.1634	0.0811	0.0905	0.0502	0.0987	0.1334	0.0595	0.1299
北京	0.0286	0.0418	0.0376	0.1698	0.1596	0.2339	0.2151	0.1506	0.0596	0.0438
天津	0.0670	0.0742	0.0794	0.1026	0.1244	0.1926	0.2145	0.1881	0.1514	0.1623
浙江	0.2201	0.1419	0.0841	0.1033	0.1028	0.1079	0.1624	0.0605	0.0727	0.0443
福建	0.1258	0.0689	0.0522	0.0567	0.0600	0.1278	0.1807	0.1030	0.1409	0.1124
江苏	0.1795	0.1318	0.1296	0.1850	0.1487	0.1442	0.2252	0.1408	0.1866	0.1916
广东	0.2281	0.1417	0.1628	0.1728	0.1657	0.2113	0.1572	0.1528	0.1487	0.1730
山东	0.0999	0.0787	0.0831	0.0551	0.0848	0.0688	0.1076	0.1271	0.0945	0.1353
辽宁	0.1741	0.1597	0.1480	0.1468	0.1958	0.1980	0.2349	0.2074	0.1893	0.2015

续表

地区＼年份	2011	2012	2013	2014	2015	2016	2017	2018	2019	2020
河北	0. 1511	0. 1423	0. 1249	0. 0887	0. 1403	0. 2236	0. 2224	0. 0862	0. 1820	0. 1982
海南	0. 0504	0. 0294	0. 0520	0. 0379	0. 0699	0. 0825	0. 0578	0. 0403	0. 0697	0. 0097
江西	0. 1713	0. 1412	0. 1556	0. 2158	0. 1909	0. 2163	0. 2337	0. 0879	0. 0999	0. 1708
山西	0. 1282	0. 1030	0. 0955	0. 1651	0. 1537	0. 1590	0. 1168	0. 1360	0. 1235	0. 1569
吉林	0. 1578	0. 1511	0. 1457	0. 1150	0. 1336	0. 1653	0. 1586	0. 1250	0. 1181	0. 0832
湖北	0. 1649	0. 1168	0. 0959	0. 1123	0. 1830	0. 1053	0. 2149	0. 1844	0. 2250	0. 1620
湖南	0. 1733	0. 1177	0. 1199	0. 1769	0. 1284	0. 1916	0. 2318	0. 1921	0. 2176	0. 1951
安徽	0. 1635	0. 1337	0. 0642	0. 1745	0. 1620	0. 0814	0. 1513	0. 1102	0. 0925	0. 0913
黑龙江	0. 1417	0. 1640	0. 0994	0. 1169	0. 1072	0. 1306	0. 1777	0. 1257	0. 1657	0. 1644
河南	0. 1497	0. 1643	0. 1068	0. 0946	0. 1495	0. 0877	0. 1116	0. 1782	0. 1392	0. 2345
重庆	0. 1755	0. 1653	0. 1680	0. 1970	0. 2006	0. 1972	0. 2126	0. 1627	0. 1827	0. 1796
四川	0. 1443	0. 1577	0. 1673	0. 1525	0. 2144	0. 2362	0. 2520	0. 1918	0. 2271	0. 1533
陕西	0. 1035	0. 0800	0. 0756	0. 1171	0. 1277	0. 1624	0. 1831	0. 1344	0. 1034	0. 1280
广西	0. 1281	0. 1162	0. 0832	0. 0906	0. 0608	0. 1458	0. 1897	0. 1810	0. 1983	0. 1930
宁夏	0. 1087	0. 0665	0. 0322	0. 0329	0. 0692	0. 0335	0. 1163	0. 0727	0. 0827	0. 0873
云南	0. 1009	0. 0708	0. 0779	0. 0905	0. 0615	0. 1094	0. 1523	0. 1306	0. 1786	0. 1755
内蒙古	0. 0838	0. 1070	0. 0538	0. 0529	0. 0778	0. 1034	0. 1078	0. 1176	0. 1530	0. 1704
新疆	0. 1183	0. 1311	0. 0988	0. 0931	0. 1286	0. 1473	0. 1696	0. 1206	0. 1251	0. 1833
贵州	0. 1230	0. 1105	0. 1075	0. 1244	0. 1568	0. 2008	0. 2141	0. 2039	0. 1995	0. 1560
甘肃	0. 1072	0. 0426	0. 0638	0. 0709	0. 1647	0. 1228	0. 1449	0. 1116	0. 1531	0. 1636
青海	0. 0556	0. 0647	0. 0623	0. 0361	0. 0559	0. 0309	0. 0998	0. 0810	0. 0677	0. 0549

表 2-8 是按照东部地区、中部地区、西部地区对我国各省区域内环境规制协同情况进行分区显示。从表 2-8 的计算结果看到，省内的环境协同度（即每个省三类环境规制的协同度）都不高，最高的也不超过 0. 3，且东部、中部、西部各省区别不大。说明我国各省区域内三类环境规制的协同情况不好，很多省份市场激励型、公众参与型环境规制水平都较低，发挥主要作用的是命令控制型环境规制。有些西部省份甚至命令型环境规制

都很少，环境规制的作用被忽略。因此，我国各省应该进一步重视环境规制建设，加大环境规制的投入力度，发挥市场型环境规制的激励作用，进一步唤起公众的环境保护意识，提升公众媒体对于环境污染的监督作用。

图 2-17 展示的是东部省份 2011～2020 年三类环境规制的协同情况。从中可以看到，东部地区三类环境规制协同水平较高的是浙江、辽宁、广东、江苏。由于整体环境规制协同度都不高，所以各省区别其实并不大，并且随着时间的推移，环境规制协同度也没有明显的趋势，协同情况没有得到改善。

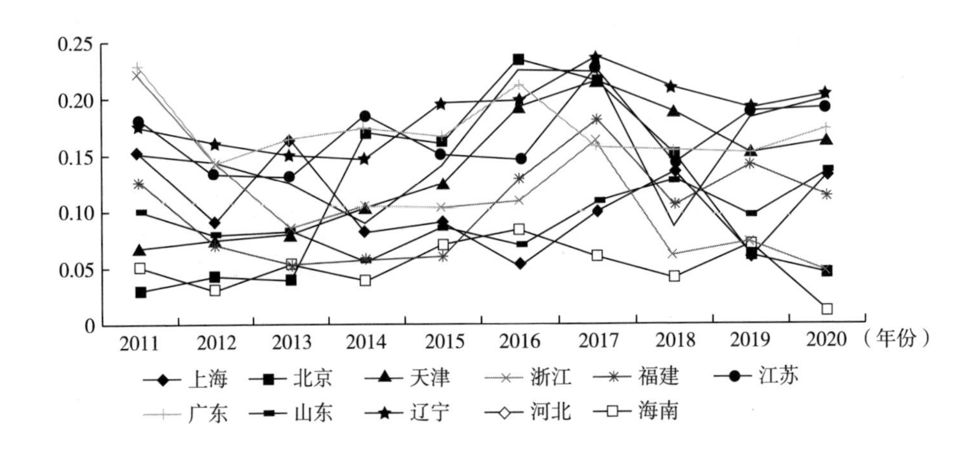

图 2-17　东部省份区域内环境规制协同情况

图 2-18 展示的是中部省份 2011～2020 年三类环境规制的协同情况。从中可以看到，中部地区的各省环境规制协同度更为稳定，区别不大，协同度主要分布在 0.1～0.2 之间。协同情况较好的是江西，江西生态环境在全国一直处于前列，历届省委省政府高度重视生态环境保护，牢固树立“绿水青山就是金山银山”理念，坚持在发展中保护，在保护中发展，将生态资源视为重要的战略资源。而安徽近年来经济发展速度较快，开发速度也较快，环境保护的力度跟不上经济发展的速度，出现了更多的环境问题，因此体现出环境规制的协同状况不是很好。

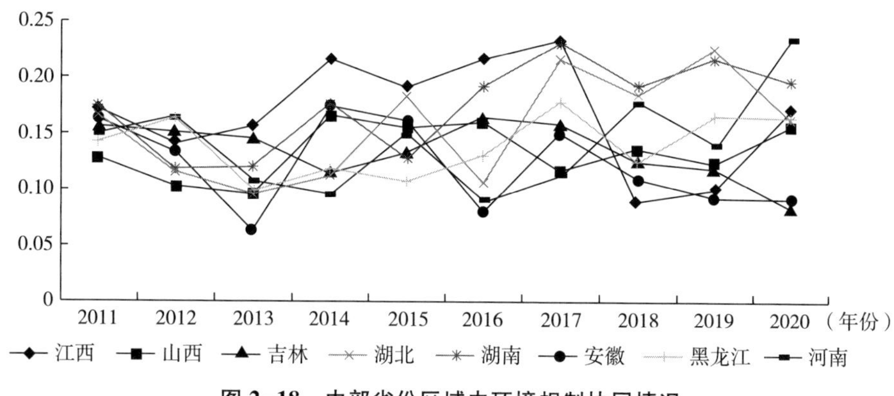

图 2-18　中部省份区域内环境规制协同情况

图 2-19 展示的是西部省份 2011~2020 年三类环境规制的协同情况。西部地区各省份三类环境规制协同度变化较东部、中部地区更为平衡。其中，协同度水平较高的是四川和重庆。与东部和中部地区相比，西部地区有更多的省份处于环境规制协同水平较低层次。这与地区的经济发展水平有关，经济发展水平越高地区，越重视环境保护，出台的环境规制制度和政策越多，环境治理投入也越高，公众的环境保护意识越强，环境规制协同水平较高；而经济发展水平越低地区，政府更多的精力在于关注发展经济，环境治理投入相对较少，所以环境规制协同水平也较低。

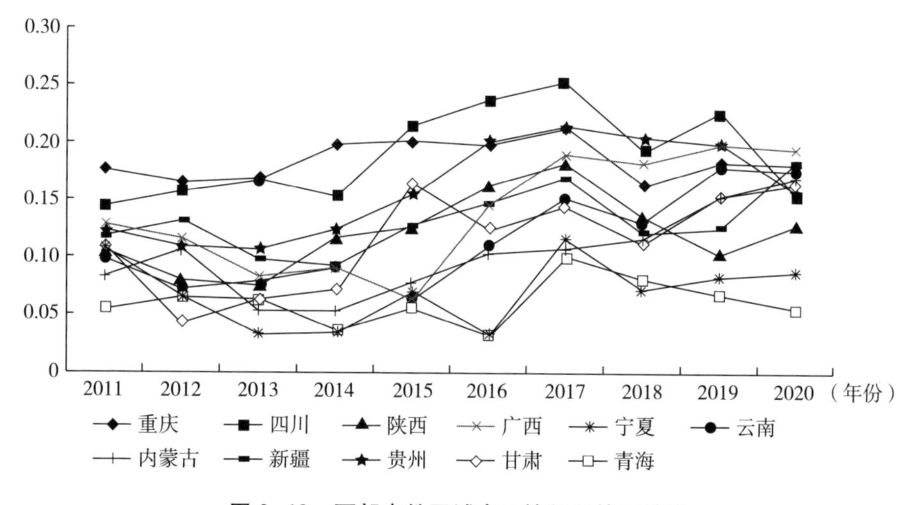

图 2-19　西部省份区域内环境规制协同情况

四、本章小结

本章首先对区域间和区域内环境规制协同的内涵进行界定；然后从环境规制协同的政策、经济、气象、污染分布和污染源分布五大要素出发来分析区域间环境规制协同的机理，结合政府、企业、公众三个环境规制参与主体来分析区域内环境规制协同的机理，为进一步建立模型测评区域间和区域内环境规制协同度提供理论依据，也为分析环境规制协同对碳减排的影响路径提供理论框架。

在机理分析的基础上，针对区域间和区域内环境规制协同开展测评，为第四章实证分析提供数据基础。按照地域邻近、经济联系较为紧密的原则，将国内主要省份划分为七个区域间环境规制协同区域，从环境治理力度、污染物排放强度、污染物排放成本三个维度选取指标构建区域间环境规制协同度评价指标体系，并利用耦合协调度模型测评区域间环境规制协同度。从七个区域测评结果看，环境治理投入协同呈现波动变化态势，中原、东北、东南区域协同度较高；除京津冀、长三角区域外，其他区域污染排放协同度总体呈上升趋势；污染治理成本视角下，七大区域同样呈现波动变化，且协同治理维持在较低水平。进一步从命令控制型、市场激励型、公众参与型三类环境规制协同角度，对区域内环境规制协同开展测评。从测评结果看，各省的区域内环境规制协同度均不高，甚至部分省份市场激励和公众参与型规制水平较低，主要依靠命令控制型环境规制发挥作用。

第三章

环境规制及其协同促进碳减排的理论分析

一、考虑环境成本的生产函数模型

（一）考虑环境成本的 CES 生产函数模型

人类经济活动主要的环境成本就是碳排放引致的全球变暖，为了防止全球变暖可能带来的极端后果，全球各个经济体的发展事实上都受到了碳排放的约束。然而，碳约束并不完全来自气候与环境变化，由于化石能源的稀缺和不可再生，目前世界经济发展还存在能源方面的约束。因此，碳减排约束在本质上是环境约束与能源约束的双重体现，碳排放消耗的是大自然对人类有益部分的总和，即环境的自净能力和各类自然资源。为了反映碳约束对社会经济发展的影响，已有部分学者在研究中尝试把环境因素纳入生产模型中，然而在如何将环境成本纳入生产模型这一点上，学界主要有两种观点：一种观点认为排放是一种投入，而另一种观点认为排放是一种非期望产出。若将排放视为投入，则背后隐含的逻辑是，排放消耗的是环境的自净能力，排放量的增加意味着对环境自净能力的消耗量增加[131-132]。由于污染排放主要来自化石能源的消耗，对污染排放施加限制本质上就是对能源消耗施加限制。因此，把污染排放纳入生产函数中和把能源消耗纳入生产函数中是同质的。基于这种观点的研究中的生产函数通常具有以下形式（以常替代弹性生产函数为例）：

$$Y=A(\alpha K^{\rho}+\beta L^{\rho}+\gamma P^{\rho})^{\frac{1}{\rho}} \tag{3-1}$$

式中，Y 表示总产出，A 表示技术水平，K 表示资本投入，L 表示劳动投入，P 表示排放；参数 α、β、γ 分别表示资本、劳动、能源消耗对产出的贡献份额（贡献份额参数满足 $\alpha+\beta+\gamma=1$）；为分析投入要素对产出的影响，计算各要素的产出弹性 σ_K、σ_L、σ_P：

$$\begin{cases}\sigma_K=\dfrac{\alpha K^{\rho}}{\alpha K^{\rho}+\beta L^{\rho}+\gamma P^{\rho}}\\ \sigma_L=\dfrac{\beta L^{\rho}}{\alpha K^{\rho}+\beta L^{\rho}+\gamma P^{\rho}}\\ \sigma_P=\dfrac{\gamma P^{\rho}}{\alpha K^{\rho}+\beta L^{\rho}+\gamma P^{\rho}}\end{cases} \tag{3-2}$$

计算各要素间的替代弹性 σ，可得：

$$\sigma=\sigma_{KL}=\sigma_{LP}=\sigma_{PK}=\frac{1}{1-\rho} \tag{3-3}$$

从上述结果可见，所有要素的产出弹性之和恒为 1，不同要素之间的替代弹性均是与要素投入量无关的常数$\frac{1}{1-\rho}$。当 $\rho\to 0$ 时，常替代弹性生产函数退化为柯布-道格拉斯生产函数。即：

$$Y=AK^{\alpha}L^{\beta}P^{\gamma} \tag{3-4}$$

此时，有 $\sigma_K=\alpha$、$\sigma_L=\beta$、$\sigma_P=\gamma$，各要素的产出弹性为其在产出中的贡献的份额，各要素替代弹性 $\sigma=1$。

当 $\rho\to 1$ 时，CES 生产函数退化为线型生产函数（完全替代生产函数），其形式为：

$$Y=A(\alpha K+\beta L+\gamma P) \tag{3-5}$$

此时，各要素之间的替代弹性 $\sigma\rightarrow\infty$ 的等产量线是直线。各要素之间的边际技术替代率为要素份额的反比，如劳动对资本的边际替代率为 $MRTS_{LK}=\dfrac{\alpha}{\beta}$。

当 $\rho\rightarrow-\infty$ 时，CES 生产函数退化为固定投入比例生产函数（完全互补生产函数）：

$$Y=\min\left\{\alpha^{\frac{1}{\rho}}AK,\ \beta^{\frac{1}{\rho}}AL,\ \gamma^{\frac{1}{\rho}}AP\right\} \tag{3-6}$$

此时，各要素之间的替代弹性 $\sigma=0$，边际技术替代率为 0。从函数形式也可见，要素之间不存在可替代性。

从以上分析可见，将排放视为投入时生产函数的参数有较好的经济解释性，研究者可以很容易地将环境约束放入原有的经济学分析框架中。因此，考虑环境成本的生产函数得到了大量的应用[133-135]。但也有部分学者认为将污染视为生产函数的投入的做法存在一些缺陷，如此类生产模型假设任意单位污染都消耗了同样数量的环境净化能力，这一假设忽略了污染的异质性[136]；另外，还有学者认为将污染视为投入隐含了所有非污染投入的相对价格是不变的，但这一假设并不总是成立[137]。

而另一种观点将排放视作非期望产出，基于观点的研究通常并不对生产函数模型做具体的设定，而是用集合的概念来定义生产的特性[138]。其生产函数通常具有以下形式：

$$F(x;\ b)=\sup\{y:\ (y,\ b)\in P(x)\} \tag{3-7}$$

式中，$y=(y_1,\ \cdots,\ y_M)\in R_+^M$ 表示期望产出；$b=(b_1,\ \cdots,\ b_J)\in R_+^J$ 表示非期望产出，如二氧化碳、二氧化硫等；$x=(x_1,\ \cdots,\ x_N)\in R_+^N$；$P(x)$ 表示生产可能性集合，其定义为：

$$P(x)=\{(y,\ b):\ x\ 可能产出的(y,\ b)\} \tag{3-8}$$

式中，$P(x)$ 表示 x 在投入下可能产出的期望和非期望产出的所有组合 $(y,\ b)$ 所构成的集合，因此 $F(x;\ b)$ 就代表了在给定投入 x 和非期望产出 b 的情况下，现有生产技术所能够达到的最大期望产出。这类生产模型的优点在于避免了对生产函数的具体形式的假设，因此在实际应用中，主要是通过非参数方法构造生产前沿面，进而求解生产单位的效率。此类生产模型在环境问题方面的一个著名应用来自 Fare 等（2007）[138]，作者先在非期望产出的弱处置性（Weak Disposability）假设下构造了存在环境规制下的生产前沿面，然后在强处置性（Strong Disposability）假设下构造了不存在环境规制下的生产前沿面，最后通过计算有无环境规制的生产前沿面的差异来估算环境规制对生产单位带来的期望产出损失。

这种模型的优点是没有对生产函数的具体形式作出假设，但其局限性也在于此。由于生产模型中没有指定具体的生产函数形式，则该函数是非解析的，其各要素的替代关系和生产的特点只能通过增加假设来设定。因此，该方法主要应用于估计生产单位的静态效率，而较难纳入经济增长与环境规制等理论模型中。为了将环境规制对经济增长的影响模型化，在接下来的分析中本书将把碳排放视作一种生产要素。

（二）考虑环境成本的 C-D 生产函数模型

若经济体消耗的能源消耗产生决定了其二氧化碳的排放，则该经济体碳排放量由以下决定：

$$C=\lambda E \tag{3-9}$$

式中，C 表示碳排放；$E=(e_1,\ \cdots,\ e_i)$ 表示各类能源的消耗量；$\lambda=(\lambda_1,\ \cdots,\ \lambda_i)$ 表示各类能源的碳排放系数。由于碳排放的数量几乎由能源消耗决定，因此一个国家或者地区要实行碳减排，就是要对其能源消耗的总量或者单位产值施加一定的限制。为了考察碳减排约束如何影响经济增长，本书考虑如下包含了碳排放的生产函数：

$$Y=AK^{\alpha}L^{\beta}C^{1-\alpha-\beta} \tag{3-10}$$

式中，Y 表示总产出，A 表示技术水平，K 表示资本存量，L 表示劳动投入，α、β、$1-\alpha-\beta$ 分别表示资本、劳动和碳排放的产出弹性。式（3-10）表明了经济增长来源于技术水平、资本、劳动和碳排放（能源）这四种要素。这四种要素的变化率表示如下：

$$\dot{A}=\eta A \tag{3-11}$$

$$\dot{K}=sY-\delta K \tag{3-12}$$

$$\dot{L}=nL \tag{3-13}$$

$$\dot{C}=\theta C \tag{3-14}$$

式（3-11）至式（3-14）中，η、s、δ、n 分别表示技术进步速率、居民储蓄率、资本折旧率和劳动人口增长率，θ 表示碳排放的变化率。由于本书旨在分析经济体受到碳排放约束下的增长情况，因此假设 $\theta<0$，此假设也反映了我国多数地区和行业在未来面临的严峻减碳压力。本书对上述要素变化率的定义反映了要素背后的不同的变化机制：资本、劳动人口的增长分别取决于储蓄率与折旧率、人口数量及外生的人口增长率；碳排放则按给定的比例 θ 减少。

令 $E=C^{1-\alpha-\beta}$；$\phi=\dfrac{\beta}{1-\alpha}$，则式（3-10）变为：

$$Y=AEK^{\alpha}(L^{\phi})^{1-\alpha} \tag{3-15}$$

令 y 和 k 分别表示密集人均产出和密集人均资本，并将其定义为 $y=\dfrac{Y}{L^{\phi}}$、$k=\dfrac{K}{L^{\phi}}$，则式（3-15）可简化为以下形式：

$$y=AEk^{\alpha} \tag{3-16}$$

综上，可以得到密集资本的增长率如下：

$$\frac{\dot{k}}{k}=\frac{\dot{K}}{K}-\frac{\phi L}{L}=\frac{sy}{k}-\delta-\phi n=sAEk^{\alpha-1}-(\delta+\phi n) \tag{3-17}$$

式（3-17）表明，密集人均资本 k 的增长率源于 $sAEk^{\alpha-1}$ 和 $(\delta+\phi n)$ 两项之差，前一项可以表示密集资本的投资密度，与碳排放正相关且与密集资本负相关；后一项表示有效折旧率，与折旧率、劳动人口增长率均正相关。由于式(3-17)代表密集人均资本的变化速度，若假设技术水平不变，当经济体达到稳态增长时，此项应为零，即 $sAEk^{\alpha-1}=(\delta+\phi n)$，此时对应的稳态密集资本为 k^{*}。即无论初始密集资本是多少，最终稳态时密集资本终

将收敛于 k^*。因此，当经济处于稳态增长时，由式（3-16）可知密集人均产出的增长率如下：

$$\frac{\dot{y}}{y}=\frac{\dot{A}}{A}+\alpha\frac{\dot{k}}{k}=(1-\alpha-\beta)\theta \tag{3-18}$$

$\phi n+\theta$ 是总产出 Y 和总资本 K 增长率，而人均产出 y 和人均资本 k 增长率可以表示如下：

$$\frac{\dot{y}}{y}=\frac{\dot{k}}{k}=\frac{(\alpha+\beta)-1}{1-\alpha}n+(1-\alpha-\beta)\theta<0 \tag{3-19}$$

由式（3-18）可见，在技术水平不变的情况下，人均产出在碳排放限制的约束下会出现负增长，排放强度的限制水平 θ 也是决定负增长速度的重要因素，另外，式（3-19）中的$\frac{(\alpha+\beta)-1}{1-\alpha}n$ 也为负，说明即使 $\theta=0$ 时，也即碳排放约束不存在时，人均产出会出现负增长，经济体可以通过增加能源投入来实现人均产出的增长，即当能源投入增长率 $\theta>\frac{1}{(1-\alpha)}$时，稳态增长时的人均产出增长率即可为正。但在全球变暖的背景下，气候变化导致的极端天气和自然灾害已经给人类社会造成了大量损失，各个层面的经济主体都存在碳减排压力，通过持续增加能源投入来维持人均收入的增长并不现实。因此，在自然资源约束的背景下，主要有两种方式应对资源瓶颈产生的经济下行的压力，一是外延扩张，二是内涵增长[139]。外延扩张即经济体向外寻找途径缓解碳排放约束对经济增长的影响。外延扩张的主要途径是通过将高能耗高排放的行业转移到其他地区从而达到本地经济碳减排的目的。另外，通过碳排放交易机制获得额外的碳排放权（或支付碳税）不应被视为外延扩张的途径，因为在这种情况下经济体要付出额外成本获得碳排放权，而这就是碳排放约束对经济增长的影响本身。相较于外延扩张向外部寻求解决手段，内涵增长指经济体向内寻求途径缓解碳排放约束对经济增长的影响，其强调技术创新，即通过发掘新的清洁能源或者提高现有能源使用效率进而降低碳排放水平。长远来看，技术创新是最为理想的应对能源约束的手段，但相比于产业转移，技术创新需要较高的初始投入，并且具有高度不确定性，而经济主体在这种情况下选择产业转移路径还是技术创新路径，则取决于具体情况。

在全球的意义上，外延扩张的方式根本上是碳排放的跨区域迁移，这种迁移通常是从发达地区迁移到欠发达地区，而全球的碳排放水平并无变化。对于国家和区域层面的经济体而言，产业转移导致经济体本身所受碳约束强度在事实上变小了，虽然产业转移也会带来税收和就业的减少，但由于产业转移的通常只是生产，企业的大部分利润仍然会回流到发达地区。因此，对于国家和区域而言，在一些情况下外延扩张有可能会优于内涵增长。对于企业而言，当生产经营受到碳约束的影响时，企业既可以选择外延扩张的应对方式进行产业转移，将产品的生产转移到其他没有碳排放限制或碳排放限制较为宽松的地区，又可以选择内涵增长的应对方式就地进行技术创新，发掘清洁能源或提高能源使用效率。另外，企业也可以选择被动接受碳约束对生产经营的影响，即通过碳排放权交易获得碳排放权（或支付碳税）。企业的具体选择取决于相关的收益，而相关的收益通常与区域之间的环境政策有关。企业作为社会经济体系中的基本单位，其决策最终决定了碳排放分布的特点，为了研究各区域环境规制的形态对整体碳排放分布的影响，接下来本书将从企业决策的角度研究在面临碳排放约束时企业的选择问题。

二、环境规制对碳减排的影响机制

环境规制及其协同主要通过以下四条路径影响碳减排：一是优化企业产量决策。环境规制的实施将促使企业选择加大减排投资，优化企业产量，以实现最大利润，同时达到减排目的。二是促进绿色技术创新。环境规制的实施和强化会进一步加大企业环境成本，企业要在市场竞争中获得竞争优势或追求利润最大化，只有通过实施绿色技术创新，满足区域环境规制的要求，获得持续的竞争优势，通过绿色技术创新减少污染排放。三是影响企业迁移决策。环境规制协同的实施可能促使企业更倾向于留在本地，通过加大创新投入来满足规制要求，达到减少污染排放的目的。四是优化产业结构。环境规制协同提升，会促进高技术企业创新和加快低技术企业的淘汰，进而实现产业结构水平提升。其机制如图 3-1 所示。

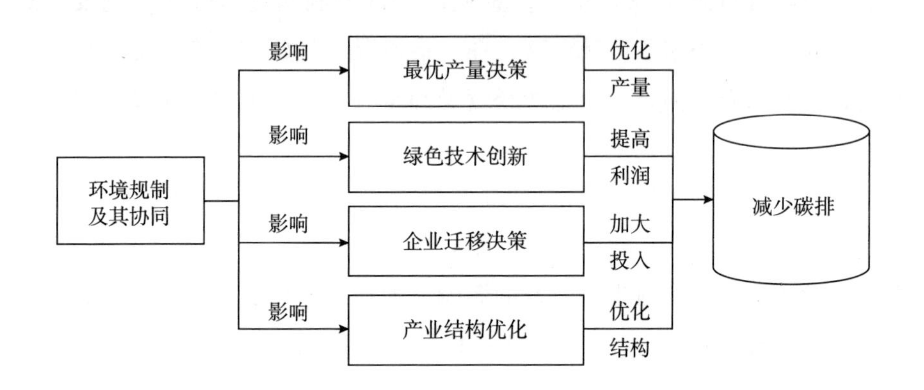

图 3-1　环境规制及其协同对区域碳减排的影响机制

（一）环境规制对最优产量决策的影响

假设一个行业有 n 家同质厂商，厂商间的产品处于竞争状态且每个厂商在 t 时刻生产的产品数量为 $q(t)$。厂商的成本由 $c(q)$ 决定，成本函数二阶可导并且边际成本大于零，即 $c'(q)>0$。产品在外部市场上销售，其产品价格 p 为外生给定。产品的生产过程中会产出污染，每一数量的产品产出的碳排放为 $E=e(R)$。$e(R)$ 表示由减排投资决定的排放指数，其中 R 表示企业的减排资本投入。另外，本书对减排资本投入带来的排放指数 $e(R)$ 做出如下的假设：

$$e(0)=0,\ e'(R)<0,\ e''(R)>0 \tag{3-20}$$

$$\lim_{R\to 0} e'(R) < -\infty\ ,\ \lim_{R\to\infty} e'(R) = 0 \tag{3-21}$$

从减排投资效率项的假设可见，增加减排资本投入可以降低排放指数进而降低单位产品的排放，但因为排放指数项的二阶导数大于零，减排投资的边际报酬是递减的。基于以上设定，企业的总碳排放即可以表示为 $e(R)q$。令减排投资的增量为 ΔR，则其对应的成本为 R。令环境规制对企业生产经营产生的负面影响为碳税 τ，即无论环境规制是以税收、碳排放权交易或者其他任何形式体现，碳税 τ 都测度了由环境规制引致的企业经营成本的增加，因此碳税 τ 也可以视为环境规制强度。基于以上假设，企业为碳排放支付的总成本可以表示为 $\tau[e(R)q]$。

在短期的经营中，企业需要基于累计减排投资水平作出最优总产出 q 的决策；但在长期经营中，企业还需要作出减排投资水平的决策。由于短期内的利润函数是基于累计减排投资水平下选择产量的最大化问题，因此可以表示为：

$$\pi^*(p,\ v,\ \tau,\ R) = \max_q \{pq - c(q) - \tau[e(R)q]\} \tag{3-22}$$

在利润函数的基础上，可以进一步求解出利润最大化的一阶条件：

$$p - c'(q) - \tau e(R) = 0 \tag{3-23}$$

将式（3-22）确定的最优产量表示为 $q^* = q^*(p,\ \tau,\ R)$，利用一阶条件可以得出以下关系：

$$\frac{\partial q^*}{\partial p} > 0,\ \frac{\partial q^*}{\partial \tau} > 0,\ \frac{\partial q^*}{\partial R} > 0 \tag{3-24}$$

根据式（3-23）可知，碳排放税率或者排放指数的增加会降低最优产量水平，同时，累计减排投资的增加则会提高最优产量水平。通过包络理论，可以得出各个变量对短期最大利润 π 的影响：

$$\frac{\partial \pi^*}{\partial p} = q^*(p,\ \tau,\ R),\ \frac{\partial^2 \pi}{\partial p^2} = \frac{\partial q^*}{\partial p} > 0 \tag{3-25}$$

$$\frac{\partial \pi^*}{\partial \tau} = -e(R)q^* < 0,\ \frac{\partial^2 \pi}{\partial v^2} = -e(R)\frac{\partial q^*}{\partial \tau} > 0 \tag{3-26}$$

$$\frac{\partial \pi^*}{\partial R} = -\tau e'(R)q^* > 0,\ \frac{\partial^2 \pi}{\partial R^2} = -\tau\left(e''(R)q^* + e'(R)\frac{\partial q^*}{\partial R}\right) \tag{3-27}$$

由以上关系可见，最大利润 π^* 是商品价格 p 和累计减排投资 R 的增函数，同时是排放指数 v 和碳税 τ 的减函数。

（二）环境规制对绿色技术创新的影响

一般而言，当政府释放环境规制的信号时，作为城市污染治理重点的重污染企业会做出两种选择：一是通过一定的减排支出或者控制生产规模、转移产业控制污染排放水平；二是企业会为了达到政府标准以继续生存或者从政府获得补贴和贷款优惠等利益而进行绿色技术创新。随着监测范围逐渐扩大到所有地级市，重污染企业也再难通过产业转移来逃避环境规制，而减排支出或者控制生产规模也不能从源头上解决污染问题。最后是否进行绿色创新、进行哪种绿色创新取决于企业的利润，企业的利润等于企业的收益（降低污染排放、绿色创新带来的收益）减去成本（购买末端治理设备或绿色研发创新投入），为了实现利润最大化，企业以净利润为依据做决策。如果降低污染排放和绿色创新获得的收入与政府的补贴不足以抵消成本，企业会选择不进行绿色技术创新，或者会选择投入较少、技术水平较低的策略性创新。策略性创新是以获取其他利益为目的，通过追求创新数量和速度来迎合政府的监管和要求的创新策略，与之相对应的实质性创新是以推动技术进步和保持竞争优势为目的的创新行为。部分学者研究发现由于政策制定者和创新主体之间的信息不对称，存在“寻补贴”的现象，会导致环境规制仅增加策略性创新，对实质性创新影响不显著的现象[140]。以政府研发补贴为例，政府补贴诱发的企业研发成果存在异质性，只有在政府完全了解企业创新过程时，研发补贴才能克服信息不对称进入实质性创新的研发领域，提高企业自主创新能力[141]。但是政府很难完全了解企业创新，所以部分企业可能会采取增加低质量创新数量的策略性行为[142]。也有促进实质性绿色创新的环境规制政策，排污交易试点政策对绿色发明专利申请的促进作用强于绿色实用新型专利，这是因为为减少排污成本或者从排污权中获得收益，大部分企业致力于更有效的绿色发明专利的研发即实质性创新[143]。

地方政府是环境治理和监督的主体，承担着地区污染治理的责任，需要引导企业进行绿色低碳转型升级。但是由于企业盈利活动贡献的财政税收会推动地方 GDP 增长，地方官员可能会牺牲环境，放松污染监管[144]。环境污染信息公开突破了空间限制，增加了同级政府之间被比较的压力[145]。地方政府环境治理压力增加，会积极制定能有效地解决环境空气污染问题的环境治理方案，如提高环境执法力度、加重对污染环境行为的惩罚力度，或者通过调节排污费的征收强度等措施提高企业的环境违法成本[146]，从而倒逼企业进行实质性绿色技术创新。

由于企业的绿色创新主要体现为对减排技术的研究，因此，本书使用前文的减排投资来衡量企业的绿色创新水平。为了进一步厘清企业绿色创新在环境成本变化时所受到的影响。先考虑企业无法进行迁移或者迁移成本过高的情况。假设企业的减排投资对减排效率影响具有 $e(R)=\frac{1}{R}$ 的形式，初始投资为 R_0，则企业的最大利润可以被表示如下：

$$\pi^*(p,\ \tau,\ R)=\max_{q,R}\{pq-c(q)-\tau(t)[e(R)q]-(1-s)h(R-R_0)\} \tag{3-28}$$

其利润最大化的一阶条件如下：

$$\frac{\partial\pi}{\partial q}=p-c'(q)-\tau e(R)=0 \tag{3-29}$$

$$\frac{\partial\pi}{\partial R}=(1-s)h+\tau e'(R)q=0 \tag{3-30}$$

由二阶条件可知 $\frac{\partial^2\pi}{\partial R^2}<0$，$\frac{\partial^2\pi}{\partial q^2}<0$ 且 $\frac{\partial^2\pi}{\partial q\partial R}>0$，因此海瑟矩阵负定，存在利润最大值。为求得企业最优的减排投资 R^* 和最优产量 q^* 对环境规制强度 τ 变化的反应，联立利润最大化的一阶条件式（3-28）和式（3-29）并分别对 τ 求导可得：

$$\frac{\partial R^*}{\partial\tau}[p-c'(q)-2c''(q)q]=1 \tag{3-31}$$

$$\frac{\partial q^*}{\partial\tau}(p-c'(q))[p-c'(q)-2c''(q)q]=h \tag{3-32}$$

其中，边际利润 $p-c'(q)=\tau ve(R)$ 大于零，$-2c''(q)q$ 小于零且 $(1-s)h$ 大于零，由此可知，$\frac{\partial R^*}{\partial \tau}$ 和 $\frac{\partial q^*}{\partial \tau}$ 的符号由 $p-c'(q)$ 和 $2c''(q)q$ 的相对大小决定。因此，在价格 p 是外生给定的情况下，企业的绿色创新投入受环境规制的影响主要依赖于企业生产技术。当企业拥有边际成本不变的生产技术时，即 $c''(q)$ 接近 0 时，有 $\frac{\partial R^*}{\partial \tau}>0$，即随着碳税 τ 的上升，减排投资 R 的最优数量会上升，同时 $\frac{\partial q^*}{\partial \tau}>0$ 即企业的最优产量也会上升。另外，如果企业的生产技术体现出边际成本递增的特征 $\left[\text{即 } c''(q) \text{ 较大时，会更容易出现 } \frac{\partial R}{\partial \tau}<0 \text{ 的情况，环境规制的上升反而降低了企业的减排投资规模}\right]$，同时由于 $\frac{\partial q^*}{\partial \tau}<0$，企业会降低产量。因此，在不考虑迁移时，上升的环境成本会导致拥有先进技术的企业加大绿色创新投入，同时生产更多的产品；而使用较落后技术的企业则倾向于降低绿色创新投入，通过降低产量来应对环境规制加强对经营产生的影响。

（三）环境规制对企业迁移决策的影响

当企业选择迁移时，需要比较绿色创新和迁移两种策略各自的收益。假设企业的迁移成本 F 为正且与迁移距离 d 正相关，即 $F(d)>0$ 且 $F'(d)>0$。企业在迁移后面临的环境规制 τ 是迁移距离 l 和环境规制协同程度 γ 的函数 $\tau(l,\gamma)$，假设随着迁移距离的增加，企业面临的环境规制将下降，即 τ 满足 $\frac{\partial \tau}{\partial l}<0$ 以及 $\frac{\partial^2 \tau}{\partial l^2}>0$。这一假设说明了随着企业迁移范围的扩大，企业有更大的可能找到具有更低环境规制的地区。另外，随着环境规制协同程度的提高，同样的迁移距离下环境规制的下确界会更高，并且提高迁移距离所对应的环境规制也会提高，因此有 $\frac{\partial \tau}{\partial \gamma}>0$ 和 $\frac{\partial^2 \tau}{\partial \gamma \partial l}>0$。此假设反映了随着企业周边的区域环境规制协同程度提高时，在同样的迁移距离下会更难找到比本地环境规制强度更低的区域。由于企业进行迁移的目的就是避免减排投资，因此可知在迁移后企业就不再进行减排投资(减排资本为初始值 R_0)，企业的最大利润 π_t^* 可以表示为：

$$\pi_t^* = \max_{q,l}\{pq - c(q) - \tau(l, \gamma)[e(R_0)q] - F(l)\} \tag{3-33}$$

求解该问题的一阶条件可得：

$$\frac{\partial \pi_t}{\partial q} = p - c'(q) - \tau(l, \gamma)e(R_0) = 0 \tag{3-34}$$

$$\frac{\partial \pi_t}{\partial l} = \frac{\partial \tau}{\partial l}eq + \frac{\partial F}{\partial l} = 0 \tag{3-35}$$

根据二阶条件的性质易知对应的海瑟矩阵为负定，因此存在最大值。联立一阶条件式（3-34）和式（3-35）并对环境规制协同程度 γ 求导，可知环境规制协同程度对企业最优产量和最优迁移距离的影响由下式决定：

$$\frac{\partial l}{\partial \gamma}\left[H - \frac{c''(q)}{ve}\left(\frac{\partial \tau}{\partial l}\right)^2\right] = -\frac{\partial^2 \tau}{\partial l \partial \gamma}q + \frac{c''(q)}{e}\frac{\partial \tau}{\partial \gamma}\frac{\partial \tau}{\partial l} \tag{3-36}$$

$$\frac{\partial q}{\partial \gamma}\left[Hc''(q) - ve\left(\frac{\partial \tau}{\partial l}\right)^2\right] = e\frac{\partial \tau}{\partial l}\frac{\partial^2 \tau}{\partial l \partial \gamma} - \frac{\partial \tau}{\partial \gamma}H \tag{3-37}$$

其中，H 为：

$$H = \frac{\partial^2 \tau}{\partial l^2}q + \frac{F'(l)}{e} > 0$$

对于高技术企业，由于其边际成本近似不变，式（3-36）和式（3-37）可分别简化如下：

$$\frac{\partial l}{\partial \gamma}H = -\frac{\partial^2 \tau}{\partial l \partial \gamma} \tag{3-38}$$

$$\frac{\partial q}{\partial \gamma}\left[-ve\left(\frac{\partial \tau}{\partial l}\right)^2\right] = ve\frac{\partial \tau}{\partial l}\frac{\partial^2 \tau}{\partial l \partial \gamma} - \frac{\partial \tau}{\partial \gamma}H \tag{3-39}$$

此时，由 F 和 τ 的性质易知 $\frac{\partial l}{\partial \gamma} < 0$ 且 $\frac{\partial q}{\partial \gamma} > 0$，即随着环境规制协同程度

的增加，高技术企业的最优迁移距离会下降但产量会上升。这是因为当各地的环境规制程度较为一致时，由于转移成本的存在，在同样的迁移距离下企业进行迁移的收益降低了；对于低技术企业，由式（3-38）和（3-39）可知$\frac{\partial l}{\partial \gamma}>0$且$\frac{\partial q}{\partial \gamma}<0$，即环境规制协同程度的上升导致低技术企业提高迁移距离并且降低产量。低技术企业采取这种策略背后的原因是，当区域环境规制强度较为趋同时，低技术企业需要提高迁移距离来找到环境规制强度较低的地区。同时，由于相同迁移距离情况下，企业所遇到的最低环境规制强度也在提高，所以企业同样需要采用降低产量的方法来降低环境规制对企业经营的影响。另外，考虑环境协同程度的增加对企业最大利润的影响，根据包络定理可得：

$$\frac{\partial \pi_t^*}{\partial \gamma}=-\frac{\partial \tau}{\partial \gamma}eq^* \tag{3-40}$$

由于$e(R_0)q^*>0$且$\frac{\partial \tau}{\partial \gamma}>0$，可知$\frac{\partial \pi_t^*}{\partial \gamma}<0$，即环境规制协同程度的提高降低了企业进行迁移后的利润。另外，由于成本相关参数并未出现在式（3-36）中，因此这一结论对高技术企业和低技术企业均成立。

根据以上分析可知，当环境规制上升时，如果企业无法选择迁移，高技术企业将倾向于提高绿色创新水平并增大产量，而低技术企业则倾向于降低绿色创新水平并降低产量。而当企业可以选择迁移时，企业将会选择迁移距离并对进行迁移的收益进行评估，而企业迁移的收益又与区域环境规制协同程度有关。当区域环境规制协同程度上升时，高技术企业的最优迁移距离会下降并且产量会上升；低技术企业的最优迁移距离会上升且产量下降。此外，在环境规制协同程度上升后，无论是高技术企业还是低技术企业的利润都下降了，即企业的收益降低了。由于企业是在迁移和就地绿色创新的收益之间进行比较，可知随着环境规制协同程度的上升，企业进行迁移的激励会降低，将会有更多企业倾向于留在当地进行生产。因此，在企业所在周边地区的环境规制协同程度较高的情况下，当地环境规制上升时将会更有多的企业选择就地进行绿色创新而不是进行迁移。

（四）环境规制对产业结构优化的影响

关于环境规制对企业的影响，学界大致有两类观点：一类传统观点认为，环境规制强度的提升能够促进社会整体福利的增加，但这是以削减厂商利益为代价的：环境规制会提高企业成本，造成企业市场竞争力降低。另一类观点是波特假说，该假说认为，合理的环境规制强度能够通过促进企业加大技术创新投入，来提升环境质量和提高企业产量，而且能够优化资源配置。如果波特假说成立，则环境规制将提高企业的竞争力，进而促进产业结构优化。根据本书的理论模型，当企业无法进行迁移时，对高技术企业的最优产量和最优减排投资有：

$$\frac{\partial q^*}{\partial \tau}>0,\ \frac{\partial R^*}{\partial \tau}>0 \tag{3-41}$$

而对于低技术企业，其最优产量和最优减排投资对环境规制强度的反应如下：

$$\frac{\partial q^*}{\partial \tau}<0,\ \frac{\partial R^*}{\partial \tau}<0 \tag{3-42}$$

即环境规制水平上升时，高技术企业将倾向于提高绿色创新水平并增大产量，而低技术企业则倾向于降低绿色创新水平并降低产量。此时高技术企业的市场份额扩大，而低技术企业则相反，即环境规制水平的提高将促进高技术企业占有市场，进而推进产业结构升级优化。这一结果的理论机制是，随着公众的环境诉求增加、环境规制加强，企业必须通过加大技术创新投入来应对，也即被迫通过技术创新来维持企业的生产经营。高技术企业创新资源多、研发能力强，能够通过加大技术创新力度来提高能源利用效率，提高产品价格，以弥补环境规制带来的成本上升；而低技术企业创新资源少、研发能力弱，进行创新投资的收益无法弥补成本，在高环境规制水平下最终将被淘汰出市场。此时环境规制水平的提高将促使产业结构水平提升，产生积极的创新补偿效应。

综上所述，当企业难以进行生产迁移时，环境规制强度的提高对产业结构优化升级具有积极的作用。根据模型的分析结果可知，高技术企业面对较高的环境规制水平的反应大致符合波特假说。而对于低技术企业而言，由于其技术落后并且没有研发先进技术的激励，将在严格的环境规制下被市场淘汰。因此，环境规制的提高将从促进高技术企业创新和淘汰低技术企业两个方面促进产业结构优化。

当企业可以选择迁移时，根据上文模型可知，对于高技术企业有：

$$\frac{\partial l}{\partial \gamma}<0, \ \frac{\partial q}{\partial \gamma}>0 \tag{3-43}$$

对于低技术企业，其最优迁移距离和最优产量对环境规制协同的反应如下：

$$\frac{\partial l}{\partial \gamma}>0, \ \frac{\partial q}{\partial \gamma}<0 \tag{3-44}$$

从上式可见，随着环境规制协同程度的增加，高技术企业的最优迁移距离会下降但最优产量会上升；而低技术企业最优迁移距离会上升但最优产量会下降。从本地市场来看，由于环境规制协同提高时高技术企业距离本地市场更近并且产量更高，因此高技术企业在本地市场上的占比将提高。而对于环境规制强度较低的外地市场，高技术企业和低技术企业产品市场占比变化是不确定的，虽然高技术企业比低技术企业产量更高，但距离外地市场更远，这两种效应的作用方向是相反的。从整体上来看，高技术企业的市场占比增加而低技术企业的市场占比减少，整体产业结构得到了优化。但对外地而言，其承接了更多低技术的企业的产业转移，局部可能出现污染聚集。这一现象被称为"污染天堂假说"，即污染密集产业的企业倾向于建立在环境标准相对较低的国家或地区。

而当环境规制协同程度较高，即所有地区的环境规制强度接近一致时，更高的环境规制协同会提高高技术企业在外地市场的占比。因为即使企业进行迁移也无法降低其所面临的环境规制强度，并且还要付出迁移成本。此时企业面临环境规制提高时的行为与上文中企业无法迁移的情况是一致的。而当企业无法迁移时，环境规制的提高会促进高技术企业创新和加快低技术企业的淘汰，进而实现产业结构水平提升。总体来看，当环境规制协同程度较低时，环境规制的提高可能导致“污染天堂”的出现；而当环境规制协同程度较高时，企业没有进行迁移的动机，此时环境规制的提高将促进产业结构水平的提升。

三、环境规制协同对碳减排的影响

（一）环境规制协同对区域减排总量的影响

由前文可知，当区域环境规制协同程度较高时，高技术企业面临的环境规制强度上升时更倾向于留在当地进行绿色创新且提高产量，而低技术企业则倾向于降低绿色创新投入并降低产量，但此时碳排放总量和碳排放强度仍是未知的。因此，接下来本书将探究环境规制协同时当地环境规制强度上升对碳排放总量和碳排放强度的影响。考虑企业的总碳排放 $T=(R)q$，其环境规制 τ 变化的反应如下：

$$\frac{\partial T}{\partial \tau}=qe'(R)\frac{\partial R}{\partial \tau}+e(R)\frac{\partial q}{\partial \tau} \tag{3-45}$$

从式（3-45）可见，总碳排放对环境规制上升的反应存在两种效应，一是减排效应 $qe'(R)\frac{\partial R}{\partial \tau}$，二是产量效应 $e(R)\frac{\partial q}{\partial \tau}$。其中，减排效应指单位产量碳排放变化对总碳排放的影响，产量效应指产量的变化对总碳排放的影响。对于高技术企业而言，绿色创新水平的提高使减排效应为负，即单位产量碳排放的减少倾向于降低总碳排放，但由于高技术企业扩大了产量，因此产量效应为正，即增加的产量倾向于提高总碳排放。而低技术企业面临上升的环境规制强度采取了降低绿色创新投入同时缩小产量的策略，因此其减排效应为正，产量效应为负。总体来看，由于两种效应在高技术和低技术企业中的关系均相反，因此环境规制的上升对总碳排放影响的符号是不确定的。值得注意的是，虽然高技术企业的总体碳排放水平有可能增加，但从宏观上来看，产出的增加意味着经济增长，碳排放指数的降低则意味着碳强度降低，整体来看倾向于提高社会总福利；对于低技术企业而言，虽然总碳排放可能会降低，但是单位产品碳排放增加的同时产出下降了，在宏观层面上相当于环境规制的提高导致碳强度上升并且伴随着经济下滑。综上所述，企业面临环境规制提高时总碳排放的变化是不确定的，但高技术企业的反应倾向于提高社会总福利而低技术企业倾向于降低社会总福利。结合前文的分析可知，当环境规制协同程度较高时，环境规制提高会倾向于提高高技术企业的市场占比同时将低技术企业驱逐出市场，此时产业结构会得到优化且社会总福利会提高。

（二）环境规制协同对区域减排强度的影响

碳强度（Carbon Intensity）是指每单位国民生产总值所对应的二氧化碳排放量。该指标主要用来衡量一个国家的经济同碳排放量之间的关系。与总碳排放不同，碳排放强度是一个相对指标，虽然总碳排放度量了碳排放对环境的影响，但其并没有考虑资源的使用效率以及经济增长，而碳强度则提供了这些更具价值信息。因此，接下来本书将讨论当环境规制程度上升时，社会平均碳强度的变化。将技术水平位于前一半的企业视为高技术企业，而技术水平位于后一半的企业视为低技术企业，那么社会平均碳强度 CI 表示如下：

$$CI=\frac{T}{pq}=\frac{\bar{e}(q_H+q_L)}{pq}=\frac{1}{pq}[q_He(R_H)+q_Le(R_L)] \tag{3-46}$$

式中，$q=q_H+q_L$，H 和 L 表示高技术企业和低技术企业，$\bar{e}=q_He(R_H)+q_Le(R_L)$表示社会平均碳排放指数。为了得到环境规制强度的提升对社会平均碳强度的影响，由式(3-46)可知 $CI\propto\bar{e}$，即社会平均碳强度正比于社会平均碳排放指数。由于$\frac{\partial CI}{\partial \tau}$与$\frac{\partial \bar{e}}{\partial \tau}$仅差常数乘子$\frac{1}{p}$，因此下文的分析中直接使用$\frac{\partial \bar{e}}{\partial \tau}$代表碳强度对环境规制强度变化的反应。由式（3-46）对τ求导可得社会平均碳强度对环境规制强度变化的反应如下：

$$\frac{\partial \bar{e}}{\partial \tau}=q_L\frac{\partial q_H}{\partial \tau}[e(R_H)-e(R_L)]+q_H\frac{\partial q_L}{\partial \tau}[e(R_L)-e(R_H)] \tag{3-47}$$

由式（3-23）和式（3-24）可知$e(R_H)<e(R_L)$，由前文可知$\frac{\partial q_H}{\partial \tau}>0$且$\frac{\partial q_L}{\partial \tau}<0$，因此$\frac{\partial \bar{e}}{\partial \tau}<0$。即环境规制强度的提升将导致社会平均碳强度的下降，此时的总产量对环境规制的强度的变化如下：

$$\frac{\partial q}{\partial \tau}=\frac{\partial q_H}{\partial \tau}+\frac{\partial q_L}{\partial \tau} \tag{3-48}$$

由式（3-23）和企业技术特点可得$\left|\frac{\partial q_H}{\partial \tau}\right|>\left|\frac{\partial q_L}{\partial \tau}\right|$，又因$\frac{\partial q_H}{\partial \tau}>0$且$\frac{\partial q_L}{\partial \tau}<0$，可得$\frac{\partial q}{\partial \tau}>0$，即环境规制上升时总产量是增加的。因此，从宏观上来看，当区域环境规制协同程度较高时环境规制强度增加会导致社会平均碳强度下降，并且此时还伴随着总产出的增长。

（三）环境规制协同对区域减排成本的影响

企业的单位减排成本主要取决于两方面的因素：一是企业的减排投入，由于减排投入存在边际收益递减的特征，当其处于较高水平时边际减排成本会更高；二是企业的总排放量，当总排放量水平越高时，降低一个单位的总碳排放所需的排放指数变化越低，其对应的边际减排成本就越低。从前文模型可知，企业总碳排放由排放指数$e(R)$和产量q决定。其中，$e(R)$的形式表明减排投资R的数量决定了排放指数。由于企业的总碳排放T为$e(R)q$，则其变化量dT如下：

$$dT=qe'(R)dR+e(R)dq \tag{3-49}$$

为了分析减排投资对总碳排放的影响，令碳排放变化为1单位，可得边际减排成本 MRC 如下：

$$MRC=dR=\frac{1-e(R)dq}{qe'(R)} \tag{3-50}$$

即总碳排放再降低1个单位要求的边际减排成本如式（3-50）所示。由于 $e'<0$ 且 $q>0$，可知单位减排成本是产品数量和减排投资边际效率的减函数。即产量 q 越高、减排投资边际效率 $e'(R)$ 越高时，边际减排成本越低。

当环境协同程度较低时，环境规制的提高将会导致企业进行迁移。由于企业进行迁移的目的就是规避进行减排投资，因此企业的累积减排投资为其初始值。此时企业的边际减排成本仅与 q 有关。若环境规制水平变高，则高技术企业的最优产量对环境规制强度提升的反应为 $\frac{\partial q^*}{\partial \tau}>0$；低技术企业的最优产量对环境规制强度提升的反应为 $\frac{\partial q^*}{\partial \tau}<0$。即对高技术企业而言，环境规制强度的提高会使高技术企业总产量提升，进而降低其单位减排成本；而对低技术企业而言，环境规制强度的提高会降低其总产量，进而提高其单位减排成本。当环境规制协同程度较高时，企业较难进行生产迁移。若环境规制水平变高，则高技术企业的最优产量和减排投资对环境规制强度反应分别为 $\frac{\partial q^*}{\partial \tau}>0$ 和 $\frac{\partial R^*}{\partial \tau}>0$；低技术企业的最优产量和减排投资对环境规制强度反应分别为 $\frac{\partial q^*}{\partial \tau}<0$ 和 $\frac{\partial R^*}{\partial \tau}<0$。由于减排投资增加和产量增加对单位减排的影响方向是相反的。因此，对于高技术企业和低技术企业，其单位减排成本的变化都是不确定的。

从社会总福利的角度上来看，单位减排成本越高意味着企业的减排投资水平越高或者企业的产量越高，而减排投资水平和产量的提高均会有利于提高社会总福利。在环境协同程度较低时，企业面临更高的环境规制水平时会选择进行迁移而不是增加减排投资，此时虽然产量增加，但社会平均的减排技术水平却并没有提高。当环境协同程度较高时，低技术企业对环境规制增强的反应是降低产量和减排投资，而此时高技术企业会通过增加减排投资来提高减排技术，并且通过提高产量以弥补自身进行绿色创新的成本。此时低技术企业将逐渐被高技术企业淘汰出市场，社会总体的减排技术水平会得到提高。综上，环境协同程度的提高除了可以促进产业结构优化之外，还对社会减排技术水平具有积极的影响。

四、本章小结

本章针对环境规制及其协同促进碳减排开展了理论分析。将碳排放视作生产要素，建立考虑环境成本的生产函数模型，解释自然资源约束下应对资源瓶颈带来的经济下行压力的内涵增长路径选择。

本书认为外延扩张仅仅是碳排放的区际转移，因此重点从内涵增长角度考虑面对碳排放约束的企业决策，结合理论模型推导，考察环境规制及其协同通过产量决策、技术创新、企业迁移、产业升级四个方面促进碳减排的路径，发现规制越强，排放指数越低，且企业所在区域与周边环境规制协同度较高时，当地环境规制强度上升会促使企业更多选择技术创新减排而非污染转移，通过高技术企业创新和淘汰低技术企业两方面促进产业结构优化。

进一步通过理论推导，考察环境规制协同对区域碳减排总量、强度和成本的影响。通过考虑企业的总碳排放对环境规制协同程度变化的减排效应和产量效应，发现高技术企业的反应倾向于提高社会总福利而低技术企业倾向于降低社会总福利，因此环境规制协同程度提高将可能提高高技术企业占比并淘汰低技术企业，提升社会总福利。通过将企业分为高技术企业和低技术企业，发现环境规制协同强度提升会导致社会平均碳强度下降，并且伴随总产出增长。通过观察企业总碳排放边际减排成本，发现高技术企业与低技术企业在面对环境规制强度提升时，减排成本呈相反方向变化，高技术企业产量提升、单位减排成本降低，并且增加减排投资以提高减排技术，依托产量提升来弥补绿色创新成本，从而促进产业结构趋向于更加优化，对全社会减排技术水平产生积极影响。

第四章

基于门槛模型的环境规制及其协同促进碳减排效应

一、环境规制促进区域碳减排的效应分析

（一）门槛模型建立

1. 面板门槛模型的提出

传统检验方法无法从客观角度来划分区间，交叉项的方法往往会导致模型估计出现误差。为了弥补以上两项不足，Hansen 于 1999 年提出面板门槛模型，将门槛值作为未知变量纳入方程，利用分段式回归方程对门槛值及门槛效应进行估计和显著性检验，模型如下：

$$\begin{cases} y_i = \beta_1 x_i + \varepsilon_i, & q_i \leqslant \lambda \\ y_i = \beta_2 x_i + \varepsilon_i, & q_i > \lambda \end{cases} \tag{4-1}$$

式中，x_i 表示解释变量，q_i 表示门槛变量，λ 表示待估门槛值。进一步合并可以得到：

$$y_i = \beta_1 x_i I(q_i \leqslant \lambda) + \beta_2 x_i I(q_i > \lambda) + \varepsilon_i \tag{4-2}$$

式中，$I(\cdot)$ 表示指示性函数，ε_i 表示随机干扰项。由于实证中可能存在两个或两个以上的门槛，为此 Hansen 进一步提出了双重门槛模型：

$$y_i=\beta_1 x_i I(q_i\leqslant\lambda_1)+\beta_2 x_i I(\lambda_1<q_i\leqslant\lambda_2)+\beta_3 x_i I(q_i>\lambda_2)+\varepsilon_i \tag{4-3}$$

式中，q_i 表示门槛变量，λ_1 和 λ_2 表示门槛值，若存在两个以上的待估门槛值，模型可进一步拓展。

2. 面板门槛模型的估计

单一门槛模型一般可用最小二乘法来估计：首先，选取门槛变量 q_i 的一个指标值作为待估门槛值，利用回归方程估算各变量影响系数，得出残差。其次，对门槛变量 q_i 中所有指标值按上一步骤按次计算出残差平方和。最后，比较所有残差平方和，最小残差平方和对应指标值为最优门槛值：$\lambda^*=\mathrm{argmin}s_1(\lambda)$。

双重门槛与多重门槛估计方法与单一门槛一致，只需重复步骤，得到不同区间最优门槛值。

3. 面板门槛模型的检验

面板门槛检验包括门槛效应和门槛待估值的显著性检验，门槛效应显著性检验原假设 H_0：$\beta_1=\beta_2$，其统计量如下：

$$F=n\frac{L_0-L_n(\lambda^*)}{L_n(\lambda^*)} \tag{4-4}$$

式中，L_0 表示原假设下的残差平方和，L_n 表示在门槛效应下的残差平方和。为得到 F 分布的临界值，Hansen 通过使用 Bootstrap 方法构建渐进分布，计算出 P 值。

进一步在门槛效应显著性检验通过的基础上，验证门槛待估值的显著性，门槛待估值的显著性检验原假设 H_0：$\lambda=\lambda_0$，统计量如下：

$$LR_n(\lambda_0)=n\frac{L_0-L_n(\lambda^*)}{L_n(\lambda^*)} \tag{4-5}$$

式中，LR_n 呈非标准分布，当显著水平为 α 且 $LR_1(\lambda_0)\leqslant c(\alpha)=-2\ln(1-\sqrt{1-\alpha})$ 时，不能拒绝原假设 $\lambda=\lambda_0$。

4. 门槛变量的选择

（1）地区经济发展水平门槛。不同地区拥有不同的资源分布和技术基础，经济发达的地区通常拥有更多丰富的自然资源和先进的技术，这使得它们在实施环境规制时能够更有效地控制碳排放。同时，各个地区政府机构及监管体系也存在差异，影响了其执行环境规制政策和约束企业行为的能力。一些经济发达、管理效率高并注重环保问题解决方案的地区，可快速推动碳减排目标，并确保企事业单位遵守相关法律法规；而在一些欠缺监管能力和执行力的地区，环境规制可能面临挑战。因此，只有当经济发展达到一定阈值时，环境规制的减排效应才能得到发挥。

（2）人力资本门槛。人力资本是指一个地区拥有的知识、技能和教育水平。首先，高水平的人力资本意味着更多的专业知识和技能，这可以帮助在实施环境规制时更好地应对碳排放问题。其次，人力资本水平也反映了一个地区在创新与研发方面的能力。经济发展需要创新来推动可持续增长，并寻找替代高碳产业和消费模式。具备较高人力资本水平的地区通常更加注重科学研究、技术开发以及环保领域内部外部合作，在推动低碳经济转型中具备优势。最后，人口素质提升往往伴随着公众意识与参与度的提升。通过教育普及、宣传引导等手段，能够提高人们对环保和碳减排的认知水平，激发公众参与环境规制的积极性。具备较高人力资本水平的地区可能更容易形成良好的绿色生活方式和社会共识，进一步推动碳减排目标的实现。因此，地区人力资本水平是实施环境规制门槛变量的一个重要因素。

根据以上分析，本章建立以地区经济发展水平、人力资本为门槛变量的门槛模型，核心解释变量为环境规制强度和环境规制协同度，分析环境规制及其协同对区域碳减排的效应。

（二）数据说明与变量选择

1. 数据来源

本部分选取我国 2008~2020 年 30 个省份的面板数据进行研究，所需数据来自历年《中国城市统计年鉴》《中国环境统计年鉴》《中国能源统计年鉴》及 EPS 中国城市数据库等，缺失数据采用插值法补齐。同时，为了避免异方差问题，本书对取值差距较大的变量取对数处理。

2. 变量说明

（1）核心解释变量：环境规制（ER）。测度环境规制强度的方法主要分为三类：一是单一指标法，如借助环境污染治理投资总额、工业污染治理投资总额与工业增加值的比率、各地政府颁发的环境政策数量等指标来表征环境规制强度；二是综合指数法，选取废水排放达标率、二氧化硫去除率、工业烟尘去除率、工业固体废物综合利用率等多个单项指标来构建综合评价指标体系，将综合指数作为环境规制强度的衡量指标；三是根据是否存在实施环境规制政策的事实来设置虚拟变量。为了避免单一指标的片面性，使用熵值法对一般工业固体废弃物综合利用率、污水处理厂集中处理率和生活垃圾无害化处理率赋予客观权重，然后通过加权合成综合指数来作为环境规制水平的衡量指标。

（2）被解释变量：二氧化碳排放量（CO_2）：根据《中国能源统计年鉴》口径，将最终能源消费种类划分为九类，包括原煤、焦炭、原油、汽油、煤油、柴油、燃料油、天然气和电力。其具体测算公式如下：

$$CO_{2it} = \sum E_{ijt} \times \eta_j (i=29；j=1，2，\cdots，9) \tag{4-6}$$

式中，CO_{2it} 表示 i 省第 t 年的碳排放总量；E_{ijt} 表示 i 省第 t 年第 j 种能源消费量；η_j 表示第 j 种能源的碳排放系数。由于原始统计时各种能源的消费均为实物统计量，测算碳排放时必须转换为标准统计量。

（3）控制变量，主要包括：①技术创新水平（TEC）用科技支出在 GDP 中的占比表示各城市的科技创新水平。②产业结构（IND）用第二产业占三次产业的比重来衡量。③对外开放程度（FDI）用实际利用外商直接投资占地方生产总值的比重来度量。④城镇化水平（URB）用城市人口占总人口比重来测度。⑤政府干预程度（GOV）用政府支出占 GDP 比例来测度。

（4）门槛变量，包括地区经济发展水平门槛、人力资本门槛。

3. 关键变量数据测算

（1）环境规制强度测算。为测度以省域为单位的环境规制强度，根据数据可得性，使用熵值法对一般工业固体废弃物综合利用率、污水处理厂集中处理率和生活垃圾无害化处理率赋予客观权重，然后通过加权合成综合指数测量得出。其中，2011~2020 年省级环境规制数据如表 4-1 所示。

表 4-1　我国各省环境规制强度

地区＼年份	2011	2012	2013	2014	2015	2016	2017	2018	2019	2020
北京	0.0003	0.0009	0.0010	0.0017	0.0023	0.0021	0.0031	0.0004	0.0001	0.0001
天津	0.0041	0.0030	0.0034	0.0048	0.0053	0.0024	0.0017	0.0015	0.0025	0.0015
河北	0.0024	0.0022	0.0046	0.0078	0.0047	0.0020	0.0027	0.0077	0.0028	0.0009
辽宁	0.0014	0.0013	0.0030	0.0042	0.0023	0.0025	0.0016	0.0008	0.0013	0.0010
上海	0.0008	0.0014	0.0006	0.0021	0.0025	0.0061	0.0047	0.0008	0.0029	0.0009
江苏	0.0012	0.0014	0.0020	0.0016	0.0019	0.0021	0.0011	0.0019	0.0014	0.0012
浙江	0.0011	0.0017	0.0032	0.0035	0.0028	0.0028	0.0016	0.0014	0.0013	0.0019
福建	0.0015	0.0023	0.0033	0.0032	0.0033	0.0015	0.0009	0.0009	0.0006	0.0009
山东	0.0031	0.0032	0.0037	0.0060	0.0038	0.0049	0.0042	0.0025	0.0034	0.0018
广东	0.0006	0.0010	0.0011	0.0012	0.0010	0.0007	0.0011	0.0007	0.0007	0.0005
海南	0.0041	0.0065	0.0047	0.0068	0.0015	0.0018	0.0034	0.0003	0.0006	0.0000
山西	0.0041	0.0047	0.0083	0.0049	0.0053	0.0059	0.0078	0.0055	0.0057	0.0037
吉林	0.0022	0.0017	0.0026	0.0043	0.0032	0.0025	0.0023	0.0007	0.0016	0.0002
黑龙江	0.0021	0.0008	0.0040	0.0036	0.0049	0.0047	0.0026	0.0021	0.0009	0.0012
安徽	0.0011	0.0014	0.0040	0.0016	0.0017	0.0036	0.0020	0.0014	0.0018	0.0016
江西	0.0010	0.0006	0.0020	0.0015	0.0018	0.0012	0.0011	0.0020	0.0019	0.0008
河南	0.0015	0.0010	0.0027	0.0032	0.0018	0.0034	0.0024	0.0015	0.0018	0.0007
湖北	0.0010	0.0013	0.0021	0.0020	0.0012	0.0025	0.0011	0.0008	0.0007	0.0012
湖南	0.0011	0.0018	0.0021	0.0015	0.0021	0.0010	0.0006	0.0005	0.0004	0.0002

续表

地区＼年份	2011	2012	2013	2014	2015	2016	2017	2018	2019	2020
内蒙古	0.0077	0.0042	0.0129	0.0152	0.0083	0.0073	0.0072	0.0054	0.0038	0.0022
广西	0.0020	0.0019	0.0039	0.0035	0.0046	0.0023	0.0012	0.0009	0.0007	0.0005
重庆	0.0011	0.0007	0.0013	0.0007	0.0008	0.0005	0.0007	0.0006	0.0004	0.0004
四川	0.0017	0.0010	0.0015	0.0018	0.0009	0.0009	0.0009	0.0010	0.0007	0.0014
贵州	0.0058	0.0046	0.0062	0.0052	0.0027	0.0013	0.0011	0.0012	0.0015	0.0025
云南	0.0036	0.0044	0.0048	0.0045	0.0039	0.0022	0.0009	0.0014	0.0015	0.0017
陕西	0.0037	0.0036	0.0050	0.0037	0.0032	0.0022	0.0017	0.0015	0.0025	0.0017
甘肃	0.0046	0.0085	0.0068	0.0062	0.0016	0.0044	0.0030	0.0024	0.0017	0.0012
青海	0.0050	0.0035	0.0045	0.0104	0.0065	0.0111	0.0016	0.0021	0.0034	0.0003
宁夏	0.0042	0.0070	0.0156	0.0245	0.0093	0.0205	0.0061	0.0053	0.0039	0.0037
新疆	0.0034	0.0024	0.0063	0.0083	0.0046	0.0042	0.0033	0.0032	0.0031	0.0014

为便于比较，将东、中、西部省份环境规制变化趋势用图 4-1 至图 4-3 来显示。

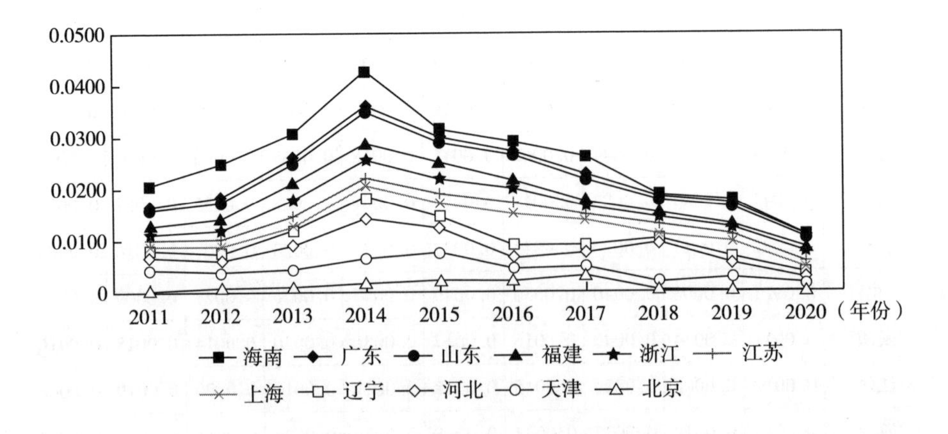

图 4-1　东部各省环境规制强度

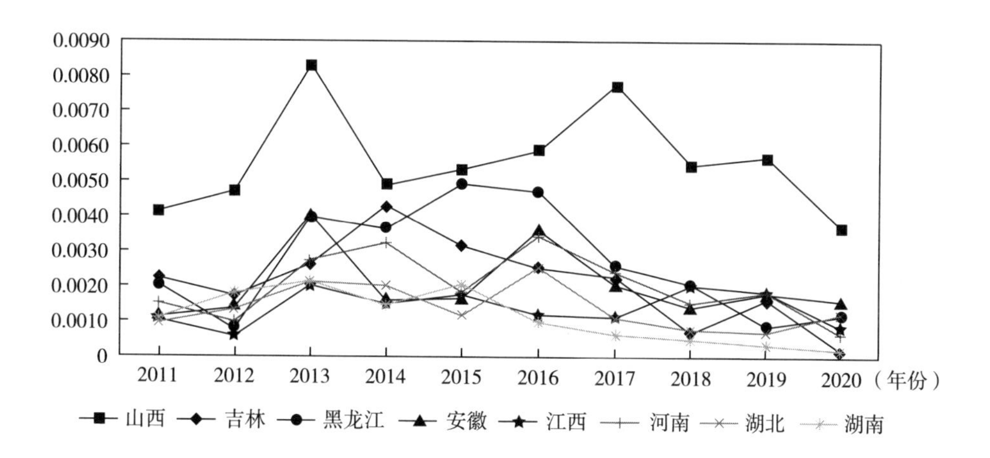

图 4-2 中部各省环境规制强度

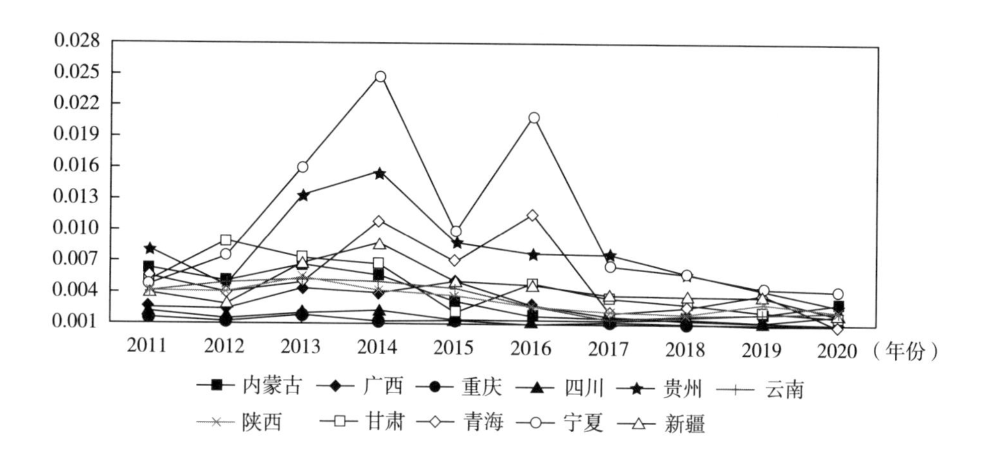

图 4-3 西部各省环境规制强度

从图 4-1 至图 4-3 可以看到，我国各地区环境规制水平普遍不高，说明政府对环境规制建设的关注程度仍需加强。东部地区最高的是海南，其次是广东。海南和广东环境规制强度较高的理由如下：首先，作为中国的经济重要地区，海南和广东面临着巨大的经济发展压力。随着工业化和城市化进程加快，环境污染和碳排放等问题日益突出。为了实现可持续发展目标，这两个地区需要采取更加严格的环境规制措施。其次，海南和广东拥有丰富的自然资源和独特的生态系统。人们对于生态保护意识逐渐增强，并认识到环境规制是保护珍贵生态资源、促进可持续发展不可或缺的手段。因此，在这些地区推行较高强度的环境规制可以更好地保护当地宝贵而脆弱的生态系统。中部地区最高的是山西，山西位于中国的北部，由于其独特的地理和历史背景，环境规制强度较高。山西是中国最重要的煤炭生产基地，但煤炭开采和消费会产生大量的二氧化碳和其他污染物，对环境造成重大影响。为了控制和减少环境污染，政府在这一区域实施了严格的环境规制。由于山西的能源和工业产业占比较大，所以这些政策在山西的执行力度会更大。西部地区最高的是宁夏，地处中国西北内陆地区，环境保护规制较高的原因是宁夏年降水量很低，一年只有200~400毫米，容易发生沙尘暴和水资源短缺问题。这给环境保护带来很大压力。此外，宁夏依赖能源密集型和污染大的重化工业，这也增加了环境压力。以上原因决定了宁夏地区需要更高度重视和实施环境规制，以促进可持续发展。因此，在未来，各省份需要继续加强环境法律法规建设，提高环境治理水平，以高水平保护支撑高质量发展。

（2）碳排放强度测算。本部分根据历年《中国能源统计年鉴》口径，将最终能源消费种类划分为九类，包括原煤、焦炭、原油、汽油、煤油、柴油、燃料油、天然气和电力。其中，2011~2020年省级碳排放量数据如表4-2所示。

表4-2 我国各省碳排放强度测评

年份 地区	2011	2012	2013	2014	2015	2016	2017	2018	2019	2020
北京	1.29	1.31	1.21	1.25	1.21	1.15	1.13	1.15	1.15	1.18
天津	2.02	2.04	2.11	2.04	2.01	1.90	1.89	1.96	1.98	2.02
河北	9.16	9.29	9.31	8.86	9.26	9.28	9.21	9.44	9.48	9.61
辽宁	7.19	7.45	7.18	7.19	6.95	7.04	7.25	7.71	8.40	8.94
上海	2.77	2.74	2.90	2.64	2.65	2.64	2.69	2.65	2.74	2.78
江苏	7.74	7.91	8.13	8.07	8.36	8.70	8.62	8.54	8.73	8.80

续表

年份 地区	2011	2012	2013	2014	2015	2016	2017	2018	2019	2020
浙江	4. 55	4. 42	4. 54	4. 49	4. 55	4. 52	4. 73	4. 64	4. 74	4. 85
福建	2. 59	2. 57	2. 52	2. 88	2. 77	2. 60	2. 74	3. 03	3. 22	3. 47
山东	11. 45	12. 05	11. 73	12. 56	13. 84	14. 54	14. 92	14. 77	15. 15	15. 58
广东	6. 28	6. 18	6. 29	6. 33	6. 39	6. 60	6. 91	7. 14	7. 09	7. 27
海南	0. 64	0. 67	0. 62	0. 68	0. 75	0. 73	0. 71	0. 75	0. 77	0. 78
山西	7. 39	7. 71	7. 91	8. 10	9. 30	9. 20	9. 70	10. 38	10. 92	11. 56
吉林	2. 87	2. 84	2. 73	2. 71	2. 32	2. 28	2. 27	2. 34	2. 41	2. 47
黑龙江	3. 68	3. 85	3. 65	3. 70	3. 39	3. 42	3. 42	3. 49	3. 66	3. 77
安徽	3. 37	3. 52	3. 82	3. 95	3. 96	3. 95	4. 09	4. 25	4. 27	4. 39
江西	1. 91	1. 92	2. 07	2. 11	2. 19	2. 22	2. 27	2. 37	2. 42	2. 50
河南	6. 70	6. 27	6. 22	6. 29	5. 92	5. 86	5. 73	5. 76	5. 33	5. 19
湖北	4. 11	4. 11	3. 58	3. 62	3. 44	3. 42	3. 50	3. 64	3. 87	4. 03
湖南	3. 27	3. 22	3. 13	3. 04	3. 03	3. 10	3. 13	3. 20	3. 19	3. 23
内蒙古	7. 55	7. 84	7. 66	7. 85	7. 79	7. 88	8. 29	9. 51	10. 55	11. 63
广西	2. 11	2. 32	2. 34	2. 32	2. 18	2. 26	2. 39	2. 51	2. 66	2. 82
重庆	1. 79	1. 77	1. 53	1. 64	1. 44	1. 48	1. 53	1. 54	1. 55	1. 59
四川	3. 49	3. 63	3. 73	3. 86	3. 31	3. 25	3. 19	3. 11	3. 34	3. 39
贵州	2. 57	2. 81	2. 92	2. 82	2. 82	2. 95	2. 97	2. 74	2. 80	2. 78
云南	2. 47	2. 57	2. 54	2. 28	2. 07	2. 05	2. 17	2. 42	2. 53	2. 13
陕西	3. 79	4. 35	4. 62	4. 87	4. 82	4. 91	5. 06	4. 95	5. 38	5. 55
甘肃	1. 99	2. 05	2. 12	2. 13	2. 06	1. 98	2. 00	2. 10	2. 12	2. 17
青海	0. 49	0. 58	0. 64	0. 60	0. 55	0. 64	0. 62	0. 60	0. 60	0. 59
宁夏	1. 73	1. 86	1. 98	2. 02	2. 09	2. 08	2. 56	2. 85	3. 10	3. 57
新疆	3. 27	3. 77	4. 32	4. 80	4. 96	5. 18	5. 51	5. 74	6. 10	6. 45

为便于比较分析，将东部省份、中部省份、西部省份环境规制变化趋势用图 4-4 至图 4-6 来显示。

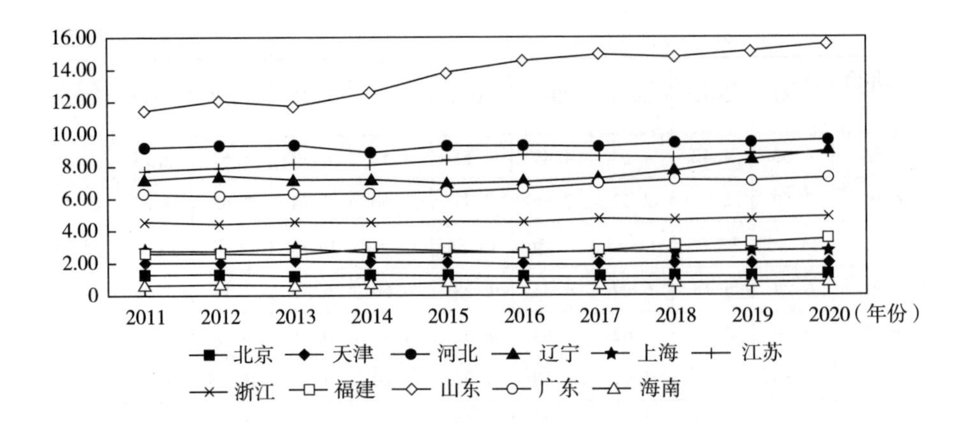

图 4-4　东部各省碳排放强度

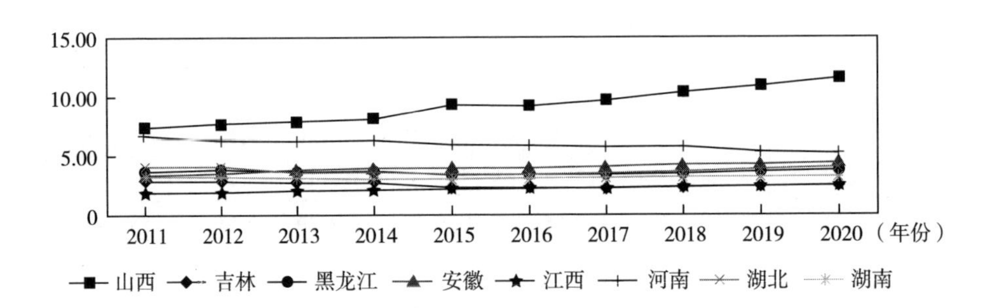

图 4-5　中部各省碳排放强度

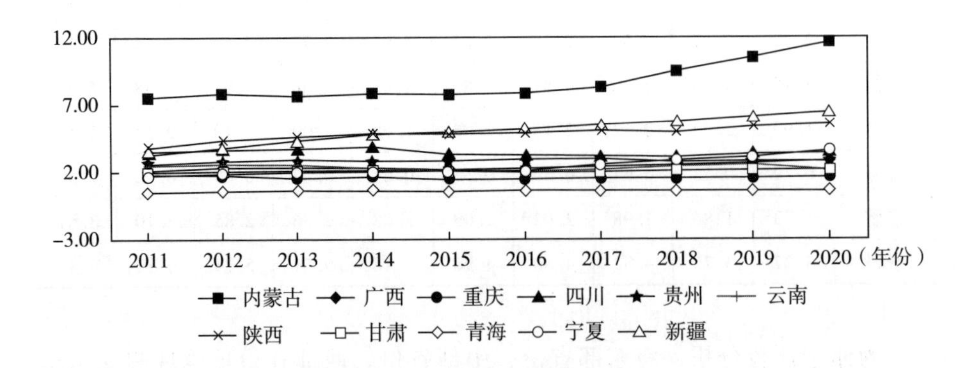

图 4-6　西部各省碳排放强度

从图 4-4 到图 4-6 中可以看出，2011~2020 年中国碳排放水平基本保持上涨。其中，东部地区最高的是山东，原因是山东拥有大量的高碳排放行业，如钢铁、石化和化肥等，这些行业的生产过程需要大量能源消耗。同时，人口众多的山东交通运输需求大，汽车尾气排放成为碳排放的主要来源之一。中部地区最高是山西，其原因是山西依赖煤炭作为主要能源，煤炭的燃烧释放大量二氧化碳，导致碳排放量居高不下。同时，山西拥有大量重工业和化工企业，这些行业的生产过程能源消耗大，碳排放量较高。西部地区最高的是内蒙古，其原因是该地区丰富的煤炭和石油资源导致了对煤炭的大规模依赖，煤炭燃烧释放了大量的二氧化碳。

通过以上测算，将实证检验数据的描述性统计列于表 4-3 中。从表 4-3 可以看到，碳排放强度的方差较大，最大值是最小值的 38 倍；环境规制强度整体值均较小。说明我国的环境规制强度整体处于较低水平，所以才会导致碳排放的居高不下。

表 4-3　描述性统计：基于门槛模型的环境规制及其协同促进碳减排效应

变量类型	指标名称	样本量	均值	标准差	最小值	最大值
被解释变量	碳排放强度	390	4. 1297	2. 9649	0. 4062	15. 581
核心解释变量	环境规制	390	0. 0031	0. 0028	0. 00004	0. 0245
门槛变量	经济发展水平	390	10. 48	0. 789	6. 930	15. 68
	人力资本	390	45. 321	35. 698	4. 365	132. 35
控制变量	城镇化水平	390	0. 532	0. 789	0. 325	0. 765
	对外开放程度	390	0. 0192	0. 0195	0. 001	0. 1368
	技术创新	390	3. 026	4. 761	0. 003	63. 750
	产业结构	390	0. 4932	0. 1078	0. 1495	0. 9707
	政府干预程度	390	0. 2401	0. 1010	0. 0874	0. 6430

（三）面板数据模型检验

1. 模型设定

为研究环境规制与碳减排的关系，使用我国 2008~2020 年 30 个省份的统计数据构建面板模型进行实证检验。模型构建如下：

$$CO_{2it}=\alpha_0+\beta_0 ER_{it}+\beta_1 X_{it}+\varepsilon_{it} \tag{4-7}$$

式中，i 表示城市，t 表示时间。CO_2 表示二氧化碳排放量，ER 表示环境规制强度，X 表示控制变量集合，ε 表示随机扰动项。

2. 基准回归检验

依据模型设计，首先采用 2008~2020 年中国 30 个省份的相关数据，检验环境规制对碳减排的影响。从表 4-4 的固定效应基准回归结果可以看出，ER 的回归系数在 5%的水平下显著为负，说明区域环境规制对碳减排有显著的促进作用。同时在控制变量中，技术创新水平、产业结构升级和政府干预程度对碳减排都有显著的促进作用。城镇化的系数为负但不显著，说明城镇化进程虽然可以减少二氧化碳的排放但是效果并不明显。对外开放程度的系数为负但是不显著。究其原因是，技术创新水平的提升能够带动资源和能源利用效率提高，促进高耗能、高排放产业绿色化、低碳化升级，减少资源消耗和碳排放。产业结构的升级有助于城市落户低碳、高附加值的产业，从而减少碳排放。政府干预是影响碳减排的关键因素，政府可以通过实施减少碳排放的政策，如提高能效标准、推动可再生能源使用和鼓励创新技术研发来引导市场方向。政府也可以通过税收优惠、补贴等方式激励企业和个人减少碳排放。例如，许多国家为购买电动汽车提供补贴，以鼓励人们转向更环保的交通方式。城镇化对碳减排的负向影响主要体现在，城镇化的快速推进，在加剧污染的同时造成碳排放难以得到有效抑制。虽然对外开放对碳减排影响为负，可能由于目前发达国家产业转移多伴随着更高的污染和碳排放，导致其负向影响被削弱，以至不显著。

表 4-4　基准回归结果：基于门槛模型的环境规制及其协同促进碳减排效应

变量	FE（固定效应）	
	（1）	（2）
ER	−0.2123 **	−0.2536 **
	（0.072）	（0.018）

续表

变量	FE（固定效应）	
	（1）	（2）
URB		-0.853 （0.325）
FDI		-2.531 （0.387）
TEC		-0.312** （0.033）
IND		-0.034* （0.053）
GOV		-1.918* （0.148）
cons	-1.677*** （0.536）	-2.616*** （0.403）
N	300	300

注：***、**、*分别表示1%、5%、10%的显著性水平，括号内的数值表示回归系数对应的标准误差，N表示样本个数。

（四）门槛模型检验

1. 门槛模型设定

采用基于面板数据的多重门槛模型来测度环境规制与碳减排的非线性关系。设定多重面板门槛模型如下：

$$LnCO_{2it}=\alpha_0+\alpha_1 LnER_{it}\times I(q_{it}\leqslant\gamma_1)+\alpha_2 LnER_{it}\times I(\gamma_1\leqslant q_{it}\leqslant\gamma_2)+\alpha_3 LnER_{it}\times I(q_{it}>\gamma_2)+\alpha_4 X_{it}+\mu_{it}+\varepsilon_{it} \tag{4-8}$$

式中，i、t 分别表示城市与时间。被解释变量 CO_{2it} 表示第 i 个城市第 t 年的二氧化碳排放量，q_{it} 表示门槛变量，γ_1、γ_2 表示环境规制 ER_{it} 的门槛值，X_{it} 表示控制变量的集合，μ_{it} 表示个体固定效应，ε_{it} 表示随机干扰项。

2. 面板门槛效应检验

使用面板门槛模型进行分析前，要判别是否存在门槛效应以及存在几个门槛。采用自举法（Bootstrap）重复抽样500次检验其似然比统计量、P值、临界值和相应的区间，以确定门槛个数及门槛值。不难看出，经济发展水平和人力资本水平的单一门槛及双重门槛均通过了5%的显著性水平检验，表明至少存在两个门槛，而三重门槛均未通过显著性检验，因此，本研究仅存在两个门槛，具体结果如表4-5所示。从表中可以看出，以LGDP为门槛变量时，其门槛值为8.912和10.416；以HC为门槛变量时，其门槛值为46.59和60.12。

表4-5　门槛效应检验：基于门槛模型的环境规制及其协同促进碳减排效应

被解释变量	门槛值	F值	P值	门槛估计值	临界值		
					10%	5%	1%
经济发展水平	单一门槛	47.20	0.0067	8.912	30.11	37.42	45.77
	双重门槛	33.39	0.0300	10.416	24.94	30.63	43.47
	三重门槛	22.19	0.5133	11.254	40.60	45.13	63.57
人力资本水平	单一门槛	45.18	0.0081	46.59	29.75	39.32	53.56
	双重门槛	50.56	0.0410	60.12	23.74	27.35	38.80
	三重门槛	20.48	0.7822	75.36	30.39	44.49	65.53

3. 门槛估计结果及分析

确定存在门槛效应之后，下面进一步进行面板门槛估计分析。为了进行对比分析，表4-6中第（1）列、第（2）列纳入门槛固定效应模型，从门槛固定效应模型来看，对于环境规制来说，经济发展水平低于第一个门槛值8.912时，环境规制对碳减排的影响系数为0.0781且在5%的水平下显著；当经济发展水平取值在区间［8.912，10.416］时，影响系数提升到-0.1125且在5%的水平下显著；当经济发展水平越过第二个门槛值10.416时，影响系数提升至-0.1325且在10%的水平下显著。因此，在经济发展水平的不同发展阶段，环境规制对碳减排的影响表现出异质性，越过门槛之后，环境规制对碳排放强度的消减作用显著增强。其原因可能是：环境规制在经济发展水平不高时，可能会导致绿色悖论。随着经济发展水平的提高，人民对于美好环境的需要不断提升，气候变化将受到更多关注。同时，地方政府也会努力调整产业结构，推进清洁能源替代，提高能源利用效率，以进一步降低碳排放。

表 4-6　门槛效应分析结果：基于门槛模型的环境规制及其协同促进碳减排效应

变量	（1）	（2）
$ER_{it}\times I(LGDP_{it}\leqslant 8.912)$	0.0781**	
$ER_{it}\times I(8.912\leqslant LGDP_{it}\leqslant 10.416)$	-0.1125**	
$ER_{it}\times I(LGDP_{it}>10.416)$	-0.1325*	
$ER_{it}\times I(HC_{it}\leqslant 46.59)$		-0.1041**
$ER_{it}\times I(46.59\leqslant HC_{it}\leqslant 60.12)$		-0.0845***
$ER_{it}\times I(HC_{it}>60.12)$		-0.1543*
FDI	-0.003	-0.321
TEC	-0.035***	-0.085***
URB	0.043*	0.096*
IND	-0.412**	-0.365**
GOV	-0.123*	-0.386*
_cons	0.6490***	0.7440***

注：***、**、*分别表示1%、5%、10%的显著性水平。

以人力资本为门槛变量时，当人力资本水平小于46.59时，环境规制与碳减排在5%的水平下显著负相关，相关系数为-0.1041；当人力资本水平取值在区间［46.59，60.12］时，环境规制对碳减排的影响系数为-0.0845，且在1%的水平下显著；当人力资本水平跨过第二个门槛值60.12时，环境规制对碳减排的影响显著提升，影响系数为-0.1543。因此，在人力资本水平的不同发展阶段，环境规制对碳减排的影响呈U型，即先降低后上升的趋势。原因可能是：公众是参与环境规制的重要群体，如果环境污染达到一定程度，且人力资本水平较高时，会引起公众或环保组织的投诉等，从而倒逼地方政府加强规制，或倒逼企业减少排放。而人力资本水平较低时，政府、公众和企业更关心经济发展和收入提升，对于环保的重视较低。

二、环境规制协同促进区域碳减排的效应分析

（一）区域间环境规制协同对碳减排的效应分析

区域间环境规制协同主要是地区政府间制定的政策、制度、计划与行动方案的协同。本部分以第二章中构建的七大联合区域为基础，计算七大联合区域的碳生产效率并进行回归分析，从而验证区域间环境规制协同是否有碳减排效应。

1. 模型构建

为研究环境规制协同与碳减排的关系，本部分使用我国 2008~2020 年七大联合区域的统计数据构建面板模型进行实证检验。模型构建如下：

$$CO_{2it}=\alpha_0+\beta_0 XER_{it}+\beta_1 X_{it}+\varepsilon_{it} \tag{4-9}$$

式中，i 表示城市，t 表示时间。CO_2 表示二氧化碳排放量，XER 表示环境规制协同度，X 表示控制变量集合，ε 表示随机扰动项。

2. 数据说明与变量选择

（1）数据来源。选取我国 2008~2020 年 30 个省份的面板数据进行研究，所需数据来自历年《中国城市统计年鉴》《中国环境统计年鉴》《中国能源统计年鉴》及 EPS 中国城市数据库等，缺失数据采用插值法补齐。同时，为了避免异方差问题，本书对取值差距较大的变量取对数处理。

（2）变量选取。

1）主要解释变量：跨区域环境规制协同：其数据测算见第二章。

2）主要被解释变量：七大联合区域的碳生产效率，即用地区 GDP 除以地区二氧化碳排放强度，碳生产效率越高说明当地碳减排效果越好。

3）控制变量：与上文保持一致。

3. 基准回归检验

回归结果如表 4-7 所示，环境治理角度的环境规制协同未能显著促进碳生产率的提升，无法达到碳减排目标。这主要是因为我国采用的分权制环境治理模式导致不同地方政府之间存在着利益和目标难以协调的问题。

表 4-7 回归结果

变量	环境治理	污染排放	污染治理成本
XER	-1.34 (0.351)	2.125** (0.843)	-3.124* (0.543)
URB	2.151* (0.250)	2.151* (0.250)	1.455* (0.194)
FDI	-0.058 (0.444)	-0.058 (0.444)	-0.318 (0.367)
TEC	-0.324** (0.027)	-0.324** (0.027)	-0.325** (0.020)
IND	-0.051** (0.021)	-0.051** (0.021)	-0.015* (0.016)
GOV	-0.051** (0.021)	-0.051** (0.021)	-0.015* (0.016)
cons	-2.448*** (0.500)	-5.345*** (0.511)	-1.677*** (0.506)
N	91	91	91
R^2	0.3456	0.2459	0.2346

注：***、**、*分别表示 1%、5%、10%的显著性水平，括号内的数值表示回归系数所对应的标准误差。

从污染排放视角测度的协同度在 5%的水平下显著促进了碳生产效率的提升。其原因主要是七大联合区域的协同度大部分呈现逐渐递增的趋势，即联合区域的环境规制协同状况在持续改善。在此强有力的污染物排放管控措施下（如大气污染物减排等），企业被迫寻求技术创新和改进生产过程，从而提高了碳生产效率。

从污染治理成本视角测度的协同度在10%的水平下显著抑制了碳生产效率。其原因可能首先是资金限制，许多地方政府无法承担高昂的治理成本，导致无法改善污染控制设施和技术。其次是技术与管理能力差异，一些地区缺乏先进的环境污染防治技术和有效的管理手段。此外，不同利益相关者之间往往难以达成共识，在环境治理中面临着经济发展与环境保护之间的权衡考虑。例如，企业可能会为降低污染控制成本而抵触采取更加严格的环保措施，而政府则需权衡经济发展与环境保护之间的关系。

（二）区域内环境规制协同对碳减排的效应分析

2000年以来，中国政府开展了一系列环境规制，并持续加强各部门之间的协同合作。那么，这种环境规制协同对于促进绿色发展有何影响？本部分运用非线性面板门槛模型进行深入分析。通过建立模型以检验在不同程度的环境规制协同下是否存在阈值效应。换句话说，在达到一定程度的环境规制协同之前可能并没有明显影响；但是当各部门之间实现有效合作时，则可能会产生显著且正向的碳减排效应。因此，通过评估不同级别环境规制协同可以对绿色发展做出贡献并为政策制定者提供科学依据和指导。

1. 模型构建

本书设定区域内环境规制协同与碳排放的基准模型如下：

$$CO_{2it}=\alpha_0+\beta_0 XER_{it}+\beta_1 X_{it}+\varepsilon_{it} \tag{4-10}$$

式中，i表示城市，t表示时间。CO_2表示二氧化碳排放量，XER表示环境规制协同度，X表示控制变量集合，ε表示随机扰动项。

上文的分析表明，环境规制协同对碳减排的影响会随着遵循成本和创新补偿效应的变化而呈现门槛特征。也就是在不同的门槛区间内，环境规制协同对碳减排的影响会存在结构性突变，而且这种门槛效应也可能不只一个。考虑到环境规制协同与碳减排之间可能是一种非线性关系，因此，本书采用基于面板数据的多重门槛模型来测度环境规制协同与碳减排的非线性关系。设定多重面板门槛模型如下：

$$LnCO_{2it}=\alpha_0+\alpha_1 LnXER_{it}\times I(q_{it}\leqslant\gamma_1)+\alpha_2 LnXER_{it}\times I(\gamma_1\leqslant q_{it}\leqslant\gamma_2)+\alpha_3 LnXER_{it}\times I(q_{it}>\gamma_2)+\alpha_4 X_{it}+\mu_{it}+\varepsilon_{it} \tag{4-11}$$

式中，i、t 分别表示城市与时间。被解释变量 CO_{2it} 表示第 i 个城市第 t 年的二氧化碳排放量，q_{it} 表示门槛变量，γ_1、γ_2 表示环境规制协同（XER_{it}）的门槛值，X_{it} 表示控制变量的集合，μ_{it} 表示个体固定效应，ε_{it} 表示随机干扰项。

2. 数据说明与变量选择

（1）数据来源。本书选取我国 2010～2020 年 30 个省份的面板数据进行研究，所需数据来自历年《中国城市统计年鉴》《中国环境统计年鉴》《中国能源统计年鉴》及 EPS 中国城市数据库等，缺失数据采用插值法补齐。同时，为了避免异方差问题，本书对取值差距较大的变量取对数处理。

（2）变量说明。

1）主要解释变量：区域内域环境规制协同，其数据测算见第二章。

2）主要被解释变量：选取各省的碳生产效率数据。

3）控制变量：与上文保持一致。

3. 门槛效应检验

为了检验环境规制协同对碳减排的影响是否存在门槛效应，本书将环境规制作为门槛依赖变量，以最小化残差平方和为条件确定环境规制的门槛值，假设单门槛已知来搜索其他门槛。故采取 Bootstrap 方法，设定自抽样次数为 500，获得 F 值的渐近分布，进而构造相应的 P 值，检验结果见表 4-8。可以看到，单一门槛的 P 值在 1%的水平下显著，双重门槛的 P 值在 5%的水平下显著，而三重门槛的 P 值则未通过显著性检验，故将其门槛数设定为 2。环境规制的双重门槛值为 0. 1135 和 0. 1834，并分别落在了 95%置信水平下，说明门槛值通过了有效性检验。

表 4-8　门槛效应检验：基于门槛模型的环境规制及其协同促进碳减排效应

被解释变量	门槛值	F 值	P 值	门槛估计值	临界值		
					10%	5%	1%
环境规制协同	单一门槛	32.49	0.001	0.1135	5.12	8.21	10.32
	双重门槛	30.14	0.030	0.1834	6.32	9.12	11.56
	三重门槛	42.19	0.413	1.0231	10.23	12.69	15.36

4. 实证结果分析

结果如表 4-9 所示，模型估计结果具有较好的稳健性，核心解释变量、控制变量的显著性水平以及系数方向保持一致。固定效应模型的拟合优度低于面板门槛模型，说明固定效应模型不能很好地反映出环境规制协同对碳减排影响的结构效应。因此选择面板门槛模型的估计结果解释。由检验结果可知，当环境规制协同水平小于 0.1135 时，环境规制协同对碳减排的影响系数为 0.0781；当环境规制水平在［0.1135，0.1834］时，其系数值变化至 0.1125；当环境规制水平大于 0.1834 时，其系数值进一步变化至 0.1325，且三个系数值均通过了 10%显著性水平的检验。这说明在研究区间内，环境规制协同对碳减排的影响呈正向效应，且这种正向影响一直在增强。

表 4-9　估计结果：基于门槛模型的环境规制及其协同促进碳减排效应

变量	固定效应（1）	门槛效应（2）
ER	0.046** (0.010)	
$XER_{it} \times I(XER_{it} \leqslant 0.1135)$		0.0781** (0.1234)
$XER_{it} \times I(0.1135 \leqslant XER_{it} \leqslant 0.1834)$		0.1125** (0.1354)
$XER_{it} \times I(XER_{it} > 0.1834)$		0.1325* (0.2345)

续表

变量	固定效应（1）	门槛效应（2）
URB	0.151 （0.250）	1.455* （0.234）
FDI	0.123* （0.444）	0.518* （0.367）
TEC	0.344** （0.217）	0.469*** （0.380）
IND	0.251** （0.321）	0.015** （0.346）
GOV	0.342** （0.425）	0.135* （0.426）
cons	-5.345*** （0.511）	-3.616*** （0.403）
R^2	0.3324	0.4231
N	300	300

注：***、**、*分别表示1%、5%、10%的显著性水平，括号内的数值表示回归系数所对应的标准误差。

环境规制协同对碳减排的正向影响效应表明，环境规制对碳减排的创新补偿效应更强，政府在环保方面不断扩大治理投入，出台新政策、新举措。一方面，环境规制协同能够促进技术创新投入；另一方面，环境规制的创新补偿效应较大，能够抵消治理成本所带来的负面影响。另外，区域内环境规制协同能够促使不同地区或国家在碳减排方面采取统一的行动。通过共享信息、经验和最佳实践，各方可以更好地了解彼此的挑战和机会，并达成共识。这种统一的行动将有助于加快整体碳减排进程。区域内环境规制协同也有助于制定统一的标准和指导原则。这些标准可以涉及能源效率、清洁生产、废物管理等方面，并为企业提供明确的目标与要求。通过遵循统一标准，各方可以在相似基础上进行比较评估，并推动整体碳减排水平的提升。同时，区域内环境规制协同可以为碳减排项目提供更多的资金和技术支持。政府、国际组织或其他利益攸关者可以共同投入资源，以推动低碳发展和创新。这种集中资源的方式有助于加速技术转型，并在整个区域范围内实现更大规模的碳减排效果。总而言之，区域内环境规制协同通过促进统一行动、制定统一标准和提供资金与技术支持等方式对碳减排产生积极影响。

5. 其他门槛变量

由前文可知，不同阈值区间的环境规制协同强度对碳减排的影响存在一定差异，同时，控制变量也对碳减排造成了显著影响。实际上，不同省份的技术创新水平等因素在直接影响碳减排的同时，也可能会间接影响环境规制与碳减排的非线性关系。以技术创新水平为例，先进的技术创新可以为环境规制协同提供支持和依据。随着技术的不断发展，出现了更高效、更清洁的生产工艺和设备，这使得政府有能力实施更严格的环保法规和标准；另外，随着技术创新水平提高，低碳技术逐渐成熟，并在实践中取得显著成果。有效利用先进技术可以帮助企业实现更高效、更精确的碳减排措施，从而达到更好的环保目标。因此，技术创新对于促进碳减排效果呈现非线性增长起到关键作用。因此，进一步将控制变量作为门槛依赖变量，来探讨这些因素对环境规制协同与碳减排之间非线性关系的影响。

为了检验技术创新水平对环境规制协同与碳减排的影响是否存在门槛效应，本书将技术创新水平作为门槛依赖变量，检验结果如表 4-10 所示。从表中可以看到，单一门槛的 P 值在 1%的水平下显著，双重门槛的 P 值也在 5%的水平下显著，而三重门槛的 P 值则未通过显著性检验，故将其门槛数设定为 2。环境规制的双重门槛值为 3. 53 和 8. 97，并分别落在了 95%置信水平下，说明门槛值通过了有效性检验。

表 4-10　门槛检验：基于门槛模型的环境规制及其协同促进碳减排效应

被解释变量	门槛值	F 值	P 值	门槛估计值	临界值		
					10%	5%	1%
技术创新水平	单一门槛	35. 14	0. 004	3. 53	28. 75	30. 32	43. 56
	双重门槛	40. 15	0. 035	8. 97	29. 74	31. 35	45. 81
	三重门槛	38. 48	0. 483	12. 45	35. 89	44. 49	50. 53

确定存在门槛效应之后，下面进一步进行面板门槛估计分析。为了进行对比分析，表 4-11 中第（1）列纳入门槛固定效应模型，从门槛固定效应模型来看，对于环境规制协同来说，经济发展水平低于第一个门槛值 3.53 时，环境规制协同对碳减排的影响系数为 0.0215 且在 5%的水平下显著；当经济发展水平取值在区间［3.53，8.97］时，影响系数升到 0.0891 且在 1%的水平下显著；当技术创新水平越过第二个门槛值 8.97 时，影响系数提升至 0.1348 且在 5%的水平下显著。因此，在技术创新水平的不同阶段，环境规制协同对碳减排的影响表现出异质性，越过门槛之后，环境规制协同对碳排放强度的消减作用显著增强。其原因可能是：在技术创新水平相对较低的情况下，环境规制协同要求各地区或行业达到相似的碳减排标准和目标。如果某个地区或企业在技术创新方面相对滞后，那么实现这些目标可能需要更多的资金投入。这会增加其负担，并可能导致资源分配不均衡。另外，缺乏先进低碳技术的地区或企业，在与其他具备较高技术创新能力的竞争者进行市场竞争时，可能处于劣势。由于无法满足环境规制协同所需的要求，他们可能难以获得竞争优势并推动碳减排。当技术创新水平进一步提升时，可再生能源领域取得了显著进步。通过环境规制协同，区域内可以集中资源进行合作，在可再生能源开发、储存和利用方面取得突破。这将促使更多传统能源消费者转向清洁能源，从而实现碳减排目标。在技术创新水平高的背景下，环境规制协同有助于分享不同地区或行业采用的成功经验与成果。通过学习借鉴他人的做法，并结合本地实际情况，各方可以更加精准地选择适合自身的碳减排路径。这将提高整体效率，确保资源的最佳利用。

表 4-11 估计结果：基于门槛模型的环境规制及其协同促进碳减排效应

变量	(1)
$XER_{it} \times I(TEC_{it} \leqslant 3.53)$	-0.0215^{**}
$XER_{it} \times I(3.53 \leqslant TEC_{it} \leqslant 8.97)$	0.0891^{***}
$XER_{it} \times I(TEC_{it} > 8.97)$	0.1348^{**}

续表

变量	(1)
FDI	-0.321
TEC	-0.085***
URB	0.096*
IND	-0.365**
GOV	-0.365**
_cons	0.7440***

注：***、**、*分别表示1%、5%、10%的显著性水平，括号内的数值表示回归系数所对应的标准误差。

三、本章小结

本章构建了环境规制及其协同促进碳减排效应分析的实证模型，检验环境规制以及环境规制协同作用下，碳减排受到的影响以及门槛效应情况。

针对环境规制强度对碳减排的影响，首先对主要省份环境规制强度和碳排放强度进行测评，发现各地区环境规制水平普遍不高。在环境规制强度方面，东部地区环境规制强度较高的为海南和广东，两省均为生态环境优异，公众环保意识较高；中部地区山西环境规制强度较高，由于山西是产煤大省，产煤产生的环境污染较大，政府在当地普遍实行较为严格的环境规制政策，环保投入也较大；西部地区宁夏的环境规制强度较大，主要原因是对重化工产业较为依赖，因此当地对于环境规制的重视程度也相对较高。在碳排放强度方面，各省碳排放水平基本保持上涨，以煤炭为主要能源，重工业比重大的地区碳排放强度普遍偏高，东部地区山东由于重工业比重大，因此排放强度最高；中部地区山西以煤炭为主要能源，省内重工业和化工企业较多，碳排放量居高不下；西部地区内蒙古碳排放强度最高，该地区对煤炭和石油依赖程度较高。通过基准回归发现，环境规制强度提升对碳减排有明显的促进作用，技术创新水平提升、产业结构升级和政府干预程度加大是促进碳减排的主要因素，城镇化对于促进碳减排的影响不明显。进一步检验门槛效应，发现在经济水平发展不同阶段，环境规制对碳减排影响表现出异质性，人力资本影响则呈现U型曲线。

对于区域间环境规制协同对碳减排的影响效应，面板模型分析发现污染排放和治理成本视角的协同能够促进碳减排。但由于我国主要是分权制环境治理模式，环境治理视角的规制协同并未有效促进碳减排。对于区域内环境规制协同对碳减排的影响效应，门槛效应分析发现，区域内环境规制协同通过促进统一行动、制定统一标准和提供资金与技术支持等方式对碳减排产生积极影响，经济发展水平和技术创新水平的不同阶段，规制协同对碳减排影响表现出异质性。

第五章

碳排放权交易与低碳城市试点政策的协同减排效应

第四章检验了区域整体环境规制协同对碳减排的效应，接下来，为了具体检验某些典型环境规制政策的协同减排效应，第五章、第六章、第七章分别检验碳排放权交易与低碳城市试点政策及碳排放权交易与环境信息公开评价、低碳城市试点与环境信息公开评价两类政策在一个地区同时实施时的协同减排效应。

一、政策背景

（一）碳排放权交易政策

作为应对气候变化的一种手段，碳排放权交易政策的主要目标是通过建立碳排放限额交易市场，促进企业减少碳排放，降低二氧化碳等大气污染物的排放量。碳排放权交易政策的起源可以追溯到2005年欧盟在《京都议定书》下实施的碳排放配额交易方案。此后，越来越多的国家和地区陆续加入了碳排放权交易行列，如美国、中国、韩国、澳大利亚等。2011

年，北京、天津、上海、重庆、广东、湖北、深圳7省市被正式批准开展碳排放权交易试点，标志着中国碳排放权交易市场建设进入提速阶段。2013年起，7个试点省市碳排放权交易相继启动，福建于2016年纳入交易试点。试点阶段的碳排放权交易以区域内权益交易为主，覆盖行业各有不同，上海覆盖的行业领域最为广泛，而广东在启动时仅覆盖了电力、水泥、钢铁、石化、造纸、民航领域。碳排放权交易有力地促进了各地区的节能减排，如“十三五”时期北京市碳强度下降幅度高达23%，一跃成为全国碳强度最低地区。2013~2020年，中国碳交易的交易额逐步增长，交易总额累计约58.66亿元，2020年碳交易额达到12.67亿元。2021年，全国碳市场正式在上海上线，碳市场从区域试点转向全国统一，1月1日至12月31日是全国碳市场第一个履约周期，该履约周期纳入的发电行业重点排放单位达到2162家，二氧化碳排放量达到45亿吨每年，首个履约期达到99.5%的完成率。通过全国统一的碳市场交易建设，地方保护和市场分割这两个阻碍碳市场流通的关键堵点被打破。自2013年国内碳排放权交易试点相继启动以来，7省市近十年累计成交额达到152.63亿元。

在碳排放权交易政策下，企业需要依据其产生的碳排放量购买相应的排放额度，也可以出售多余的排放额度给其他企业。随着排放限额逐年减少，企业的排放成本也会逐步提升，从而促使它们更加积极地实施减排措施。

（二）低碳城市试点政策

低碳城市试点政策是中国政府在应对全球气候变化和推行可持续发展战略的过程中所推出的一项重要举措，以可持续发展为指导原则，运用节能、减排、循环利用等多种技术手段来实现城市的低碳化，以达到降低城市碳排放的目标。低碳城市通过减少温室气体的排放，降低城市生态环境的负担，提高城市资源的利用效率，促进城市的可持续发展。低碳城市试点政策出台的背景主要包括以下几个方面：一是全球气候变化趋势明显。自工业革命以来，人类社会的发展过程中所释放的大量温室气体导致地球气候变化加剧，全球各地频繁出现自然灾害、极端天气事件和水资源短缺等问题。同时，应对气候变化的成本也日益显现，人们开始认识到必须采取有效措施，减少温室气体排放，改善环境质量，促进可持续发展。二是我国在气候变化领域的国际承诺与要求。作为全球最大的人口国和温室气体排放国，中国在应对全球气候变化问题上承担了巨大的责任。我国政府与联合国签署的《联合国气候变化框架公约》和《巴黎协定》，均要求中国在 2030 年前将二氧化碳排放达到峰值并逐步降低。为了实现国际承诺和要求，我国政府积极推进各项应对气候变化的措施，低碳城市建设是其中的重要环节。三是城市化进程带来的环境问题。我国的城市化进程快速发展，由此带来经济繁荣和社会发展，但城市在快速扩张和发展的同时，也面临严重的环境问题以及生产生活过程所产生的巨大能源和物质消耗，导致了极高的碳排放量和环境质量下降。因此，低碳城市试点不仅可以有效缓解大型城市所带来的环境问题，还为践行可持续发展战略提供了新思路。四是国家政策支持的需要。我国政府高度重视应对气候变化工作，并将其纳入国家战略之中。近年来，国家相继出台了一系列汇聚力量、推动低碳城市建设的政策，如《建设国家低碳城市实施方案》等，推动了整个城市建设转型升级和可持续发展的进程，为低碳城市试点提供了必要的支持和条件。

我国低碳城市发展理念源于“低碳经济”概念。与传统命令型环境规制不同，低碳城市强调城市经济循环的整体协调性，重点在能源、建筑、交通、垃圾管理等方面实现低碳化的城市发展模式。国家发展改革委于 2010 年开启了首批低碳城市的试点，涵盖 5 个省份和 8 个城市（合计 82 个城市），包括广东、湖北、辽宁、陕西、云南 5 个省以及天津、重庆 2 个直辖市等，主要集中于东、中部城市；第二批试点于 2012 年展开，政策覆盖面扩展至海南省及其他 28 个城市（合计 33 个城市）；第三批试点启动于 2017 年，新增 41 个城市和 4 个区县。自低碳试点城市政策实施以来，我国政府出台了一系列低碳城市建设指南和规划文件，推动各地区开展低碳城市建设，不少非试点省市也提出要推进低碳城市建设，截至目前已有超过200个城市制定了本地区的低碳发展规划。同时，许多城市也开始加入低碳城市的建设中，政府和企业不断探索、实践和完善低碳发展的相关政策，推动中国低碳城市建设的快速发展。国内的低碳城市建设主要集中在产业、能源、交通和建筑4个领域，通过推进产业转型升级、开展低碳清洁能源替代、发展公共交通、推广绿色建筑等举措，不断提升城市低碳发展能力。

二、基准回归与稳健性检验

相比单试点城市，双试点城市政策可能会有更强的减排效果。双试点城市能够结合资源禀赋、区位优势、经济结构等条件更加灵活的创新低碳发展模式和路径，与之相关的是产业结构效应、技术创新效应和交通网络效应。

产业结构效应意味着双试点城市通过优化产业结构来减少碳排放。在双试点政策的推动下，“三高”公司将面临更高的碳排放成本和更低的生产利润，从而倒逼高碳排放企业退出市场或使用清洁能源替代。另外，双试点城市的公众对于绿色低碳产业具有更高的市场认知，绿色消费需求更加旺盛，能够促使企业生产更多的绿色低碳产品。

技术创新效应意味着双试点城市通过改进提升技术来减少碳排放。通过市场机制的引导和激励，低碳技术和碳减排技术将拥有更多的市场机会，企业在决策时将更倾向于通过节能减排技术应用来降低综合成本。同时，低碳试点城市将在绿色信贷政策和政府补贴等方面拥有更多的政策红利，从而加大对相关技术研发企业的资金支持。

运输网络效应意味着试点城市通过优化运输网络来减少碳排放。交通运输是碳排放的主要来源之一，低碳试点城市往往在低碳出行方面具有更强的政策优势，通过鼓励低碳出行、提高公共交通密度、减少居民私家车出行依赖等方式提升城市综合运力，降低交通运输网络整体碳排放量。

（一）模型构建

使用渐进性的双重差分方法识别碳排放权交易与低碳城市试点政策协同政策对碳排放的影响，双重差异来自城市层面和年份层面，比较试点城市和非试点城市的碳排放水平在试点前后的差异。研究设计上，遵循宋弘等（2019）[147] 研究的思路，设定如下计量模型：

$$LnCO_{2c,t}=\alpha+\beta YQTtreatpost_{c,t}+\gamma Control_{c,t}+\delta_c+\mu_t+\varepsilon_{c,t} \quad (5-1)$$

式中，c 表示城市，t 表示年份。$LnCO_{2c,t}$ 表示 t 年的城市 c 碳排放量；$YQTtreatpost_{c,t}=treatment_{c,t}\times post_{c,t}\times post_{i,t}$ 是一个虚拟变量，当 $post_{c,t}=1$ 或 $post_{i,t}=1$，表示只有一项政策实施，二者为 0 表示两项政策都不实施，只有二者同时取值 1 时才表示两项政策同时实施；β 是本研究重点关注的系数，反映了 $YQTtreatpost_{c,t}$ 对城市二氧化碳排放的影响；δ_c 为城市固定效应，μ_t 为年份固定效应，$\varepsilon_{c,t}$ 为随机误差项。

（二）变量选取与数据来源

1. 数据来源

本章基于 2006~2019 年中国 282 个城市的数据，验证双试点政策对城市二氧化碳排放的影响。计算城市碳排放所需的数据、城市生产总值和城市人口数据主要来自历年《中国城市统计年鉴》《中国统计年鉴》《中国城市建设统计年鉴》《中国区域统计年鉴》等统计资料。最终的样本包括了 2006~2019 年 3948 个城市的年观测数据。

2. 变量选取

与前文章节保持一致，本章的控制变量包括：人口密度（*lnpopden*）代表人口活动规模，以地级市年末人口数除以行政区域面积衡量；人均地区生产总值（*lnpgdp*）衡量城市经济发展水平，通过地级市生产总值除以年末总人口得到；财政依存度（*govregulation*）表征政府财政支持，以城市公共财政支出占地区生产总值比重衡量：对外开放的程度（*lnfdi*）表征对外开放的程度，用城市进出口总额与GDP的比值衡量；工业生产总值（*industry*）代表城市工业发展水平，采用规模以上工业企业生产总值占城市生产总值的比例衡量；城市平均工资（*lnwage*）表征城市人民生活水平，用地级市就业人员平均工资的对数来衡量；互联网发展水平（*lninternet*）代表城市信息基础设施发展情况，用地级市互联网宽带接入户数的对数衡量。具体变量定义如表5-1所示，主要变量的描述性统计数据如表5-2所示。

表5-1　变量定义：碳排放权交易与低碳城市试点政策协同减排效应

变量	含义	计算方法
$LnCO_2$	碳排放	城市排放二氧化碳的对数
YQTtreatpost	DID核心变量	如果在样本周期结束时，该城市最终被包括在低碳城市和碳排放权交易试点列表中，则该指标变量等于1，否则为0
lnpgdp	人均地区生产总值	通过地级市生产总值除以年末总人口得到
lnpopden	人口密度	以地级市年末人口数除以行政区域面积衡量
govregulation	财政依存度	以城市公共财政支出占地区生产总值比重表征政府财政支持
lnfdi	对外开放程度	用城市进出口总额与GDP的比值衡量
industry	工业化水平	代表城市工业发展水平，采用规模以上工业企业生产总值占城市生产总值的比例衡量
lnwage	城市平均工资	用地级市就业人员平均工资的对数衡量城市人民生活水平
lninternet	互联网发展水平	用地级市互联网宽带接入户数的对数代表城市信息基础设施发展情况

表5-2　描述性统计：碳排放权交易与低碳城市试点政策协同减排效应

变量	样本量	均值	标准差	最小值	最大值
$LnCO_2$	3948	5.984	1.169	2.019	10.04
YQTtreatpost	3948	0.0656	0.248	0	1
lnpgdp	3948	10.41	0.807	7.922	13.19
lnpopden	3948	5.734	0.920	1.548	7.923
industry	3948	1.394	0.682	0.00460	17.65

续表

变量	样本量	均值	标准差	最小值	最大值
lninternet	3948	5.997	1.132	-1.442	9.527
lnwage	3948	10.58	0.497	8.906	12.06
lnfdi	3948	0.198	0.380	0	8.133
govregulation	3948	0.294	0.357	0.00990	4.541

（三）基准模型回归分析

本节主要探讨单个政策实施的减排效应和双政策实施的减排效应，并比较单个政策的减排效应和双政策的协同减排效应，观察是否达到了政策之间的协同效果。基本回归结果如表5-3所示。其中，第（1）、第（2）列为只控制了城市固定效应和年份固定效应的回归结果；第（3）、第（4）列为添加了其他城市控制变量的回归结果。可以发现，无论是否添加控制变量，单政策（低碳城市）的实施和双政策（低碳城市和碳排放权交易）的实施都显著降低了城市的二氧化碳排放，且双政策的回归系数绝对值更大，说明低碳城市试点政策与碳排放权交易存在协同减排效应，而不是对冲效应。具体而言，低碳城市政策的实施可以将城市二氧化碳的排放量平均减少14.34%，碳排放权交易和低碳城市试点政策的同时实施可以将城市二氧化碳的排放量平均减少15.51%。这表明双试点政策的实施更多地减少了城市的二氧化碳排放。

表5-3　基准回归：碳排放权交易与低碳城市试点政策协同减排效应

变量	(1)	(2)	(3)	(4)
	$LnCO_2$	$LnCO_2$	$LnCO_2$	$LnCO_2$
低碳城市试点	-0.4014***		-0.1434***	
	(0.0597)		(0.0340)	
YQTtreatpost		-0.6670***		-0.1551**
		(0.0898)		(0.0607)

续表

变量	(1)	(2)	(3)	(4)
	$LnCO_2$	$LnCO_2$	$LnCO_2$	$LnCO_2$
lnpgdp			1.1151***	1.1128***
			(0.0262)	(0.0259)
lnpopden			0.1695***	0.0707***
			(0.0166)	(0.0186)
industry			-0.0688**	0.1739***
			(0.0288)	(0.0286)
lninternet			0.4456***	0.5933***
			(0.0248)	(0.0308)
lnwage			-0.9012***	-0.2348***
			(0.0446)	(0.0512)
lnfdi			-0.1606***	0.5185***
			(0.0333)	(0.1101)
govregulation			0.2897***	-0.2278***
			(0.0653)	(0.0692)
_cons	5.9270***	-5.9400***	0.3320	4.2354***
	(0.0194)	(0.0187)	(0.4406)	(0.5026)
City FE	YES	YES	YES	YES
Year FE	YES	YES	YES	YES
N	3948	3948	3948	3948
R^2	0.0143	0.5854	0.6486	0.4619

注：***、**、*分别表示1%、5%、10%的显著性水平，括号内的数值表示回归系数所对应的标准误差。

潜在原因可能是碳排放权交易和低碳城市政策的协同实施可以在不同层面和领域相互配合，加强对城市碳排放的控制和管理。具体来说：首先，碳排放权交易制度可以提供一个市场化机制，激励企业开展碳减排技术创新和经济运营方式调整，降低其碳排放量。同时，低碳城市政策可以提供相应的技术支持和经济扶持，鼓励企业采用低碳技术、绿色能源等替代传统高碳能源，进一步减少碳排放。其次，低碳城市政策可以对城市建设和规划进行控制，提高资源利用效率和能源利用效率，推广低碳出行模式和绿色生活方式，减少个人和家庭的碳排放。同时，碳排放权交易制度可以通过对交通、建筑等行业定向发放碳排放权交易，引导这些行业加强碳减排措施，降低它们的碳排放量。最后，碳排放权交易制度和低碳城市政策可以促进城市能源转型和升级。碳排放权交易制度可以提高绿色低碳产业的竞争力和盈利能力，吸引更多的投资者和创新者参与到低碳经济建设中来。而低碳城市政策可以提高城市的整体低碳化水平，打造具有国际竞争力的低碳城市品牌，进一步吸引资金和技术的投入，推动城市经济的发展和升级。综上所述，碳排放权交易和低碳城市政策的协同政策实施对于减少城市二氧化碳的排放量具有非常重要的促进作用。

（四）平行趋势假设

双重差分模型的有效性要求模型（5-1）满足平行趋势假设，因此构建事件研究模型来检验这一假设。模型如下：

$$LnCO_{2c,t}=\alpha+\beta_k\sum_{k\leqslant-4}^{k\geqslant+4}Policy(k)+\varphi Control_{c,t}+\delta_c+\mu_t+\varepsilon_{c,t} \tag{5-2}$$

式中，*Policy*（*k*）是虚拟变量，在城市同时实施两项政策的第 *k* 年时，它等于1，否则为0。因此，它估计了 *YQTtreatpost* 在 *t* 年的政策影响。双试点政策前的政策效应不显著，可以满足平行趋势假设。表 5-4 为平行趋势检验结果。*Policy*（≤-4）、*Policy*（-3）、*Policy*（-2）、*Policy*（-1）的系数不显著，即政策前不存在政策影响。同时，*Policy*（0）、*Policy*（+1）、*Policy*（+2）、*Policy*（+3）、*Policy*（≥+4）① 的系数均显著降低，且逐渐下降。综上所述，满足平行趋势假设，随着政策的实施，协同政策的减排效果逐步加强。

① 篇幅原因，这里仅展示了政策实施前后 4 年的结果。

表 5-4 平行趋势检验：碳排放权交易与低碳城市试点政策协同减排效应

变量	$LnCO_2$
	(1)
Policy (≤-4)	0.014 (0.319)
Policy (-3)	0.009 (0.194)
Policy (-2)	0.014 (0.331)
Policy (-1)	-0.067 (-1.558)
Policy (0)	-0.086* (-1.906)
Policy (+1)	-0.066 (-1.463)
Policy (+2)	-0.086* (-1.815)
Policy (+3)	-0.090* (-1.930)
Policy (≥+4)	-0.096*** (-2.632)
Control variables	YES
City FE	YES
Year FE	YES
R^2	0.949

注：t 统计数据显示在括号中；***、** 和 * 分别表示 1%、5% 和 10% 的显著性水平。

（五）稳健性检验

1. 倾向得分匹配双重差分法 PSM-DID

虽然对低碳城市和碳排放权交易城市的选择存在一定程度的随机性。

严格来说，一个城市是否可以被选择为试点城市并不是一个完全随机的选择过程，经济因素、政治因素、人为因素等因素可能会产生影响。这种非随机选择问题将导致对本书的基准结果的估计可能存在偏差。因此，本章遵循 Heckman 等（1997）[148] 的做法，采用 PSM 方法为每个试点城市选择一个可比较的对照组。表 5-5 中第（1）列报告了这些结果。*YQTtreatpost* 的系数为-0.033，与 $LnCO_2$ 的关系显著。

表 5-5　稳健性检验：碳排放权交易与低碳城市试点政策协同减排效应

变量	$LnCO_2$			$LnCO_{2\_2}$	$LnCO_{2\_3}$
	(1)	(2)	(3)	(4)	(5)
YQTtreatpost	-0.033**	-0.091***	-0.098***	-0.004***	-0.033**
	(-2.331)	(-4.473)	(-5.198)	(-6.973)	(-2.055)
PSM-DID	YES				
Treat_Neibor		YES			
Treat_Province			YES		
Replace $LnCO_2$				YES	
Replace $LnCO_2$					YES
Control variables	YES	YES	YES	YES	YES
City FE	YES	YES	YES	YES	YES
Year FE	YES	YES	YES	YES	YES
Obs	1504	2080	2687	2687	2687
Adj_R^2	0.975	0.934	0.946	0.873	0.963

注：***、**、*分别表示 1%、5%、10%的显著性水平，括号内的数值表示回归系数所对应的标准误差。

对于对照组和实验组更具可比性，本章在城市层面上做了一些相似性的尝试。一方面，参照 Lin 和 Zhu（2019）[149] 的做法，选择接近实验组的城市作为对照组并排除了那些在地理上距离实验组较远的对照组。另一方面，选择位于同一省份的其他城市作为对照组。也就是说，排除了那些在其省份但没有实施政策的城市作为对照组。在表 5-5 的第（2）和第（3）

列中，实证结果仍然证实了基准结果的稳健性。

上述三种不同的方法来选择对照组，实验组和对照组更具可比性，可以缓解政策的非随机性，缓解样本选择的问题。实证结果表明，实施双试点政策的城市将减少城市二氧化碳的排放。

2. 更换碳排放强度的度量方式

稳健性检验使用了碳排放账户和数据库的数据，然而，在碳排放账户和数据库中只有省级碳数据和县级碳数据。同时，县级碳数据是用光强度来测量的，而不是碳排放。针对碳数据结构的这两个维度，本章采用两种方法来构建城市层面的碳排放。一是直接利用县级碳排放数据加到城市一级，二是基于城市碳排放数据来计算其在同一省的相互比例。在此比例的基础上，根据该比例权重向各城市分配省级碳构建加权城市碳排放强度。

估计结果显示对二氧化碳排放量的不同定义的结果是不同的。为了确保二氧化碳排放的测量可靠，使用未加权的二氧化碳排放（$LnCO_{2\_2}$）以及二氧化碳排放与 GDP 的比值（$LnCO_{2\_3}$）作为替代测量方法。在表 5-5 的第（4）和第（5）列中，*YQTtreatpost* 与 $LnCO_{2\_2}$ 和 $LnCO_{2\_3}$ 均呈负显著性，说明双试点政策的实施显著降低了城市二氧化碳的排放量，这与上述结论一致。

（六）内生性估计

造成内生性问题的原因主要包括测量误差、遗漏变量和反向因果关系。上述替换关键变量的方法在一定程度上减轻了测量误差引起的内生性。此外，影响碳排放的因素也很多，包括一些未观察到的因素。虽然在基准估计中控制了许多变量，但影响碳排放的其他经济和政策因素仍可能被忽略，从而产生内生性问题。工具变量是解决内生问题最常用、最有效的方法，本章使用通气系数作为 *YQTtreatpost* 的工具变量。表 5-6 报告了第一和第二阶段的估计结果。第一阶段的结果说明该 IV 不是一个弱工具变量。在第（2）列中，第二阶段显示，即使考虑到 *YQTtreatpost* 的潜在的内生性，*YQTtreatpost* 与 $LnCO_2$ 仍然显著为负。

表 5-6　内生性估计：碳排放权交易与低碳城市试点政策协同减排效应

变量	*YQTtreatpost*	$LnCO_2$
	第一阶段	第二阶段
	(1)	(2)
Ventilation×（Year≥Policy Year）	0.131*** (568.909)	
YQTtreatpost		-0.082*** (-3.041)
Control variables	YES	YES
City FE	YES	YES
Year FE	YES	YES
Obs	3310	3310
Adj_R^2	0.997	0.5987

注：***、**、*分别表示 1%、5%、10%的显著性水平，括号内的数值表示回归系数所对应的标准误差。

三、异质性分析与机制检验

（一）异质性分析

进行异质性分析的主要目的是检验城市之间地理位置、经济规模和资源禀赋等方面的差异对双政策的反应是否存在显著差异。如果城市间差异较大，那么同一种政策在不同城市中的效应可能会有较大的差异。现实中，不同城市在政策实施的过程中，其地理位置、经济规模和资源禀赋往往存在差异，因此进行异质性分析可以更全面地评估双政策对城市的影响，避免忽略这些差异对实施效果的影响，为政策制定和实施提供更为合理和有效的建议。因此，通过三种不同的方式来检验双试点政策的异质性效应：①根据地理位置，将城市划分为东部城市和非东部城市；②根据实际人均 GDP，将城市划分为高 GDP 城市（高于所有样本中位数）和低 GDP 城市（低于所有样本中位数）；③根据资源禀赋，将城市划分为低资源禀赋城市（高于所有样本中位数）和高资源禀赋城市（低于所有样本中位数）。

1. 地理区位差异

在表 5-7 的第（1）和第（2）列中，非东部城市的 *YQTtreatpost* 系数更为显著，说明 *YQTtreatpost* 在非东部城市可以更显著地减少二氧化碳排放。东部城市通常具有较高的经济增长水平和人口密度，因此其能源消耗巨大，导致二氧化碳排放水平较高。东部城市高度依赖二氧化碳排放，并受碳锁定效应影响。

表 5-7　异质性分析：碳排放权交易与低碳城市试点政策协同减排效应

变量	$LnCO_2$					
	地理位置		GDP		资源禀赋	
	东部	非东部	高	低	低	高
	(1)	(2)	(3)	(4)	(5)	(6)
YQTtreatpost	-0.017	-0.045***	-0.081**	-0.090***	-0.065**	-0.072***
	(-0.574)	(-2.643)	(-2.469)	(-5.847)	(-2.271)	(-3.904)
控制变量	YES	YES	YES	YES	YES	YES
City FE	YES	YES	YES	YES	YES	YES
Year FE	YES	YES	YES	YES	YES	YES
Adj_R^2	0.914	0.964	0.871	0.958	0.930	0.965

注：***、**、*分别表示 1%、5%、10%的显著性水平，括号内的数值表示回归系数所对应的标准误差。

相比之下，非东部城市二氧化碳排放较低，对 *YQTtreatpost* 的反应更加敏感和迅速。因此，*YQTtreatpost* 对二氧化碳排放的影响在非东部城市更为显著。东部城市是中国经济、政治和文化的中心，其发展需要大量能源消耗和高排放的行业，如制造业和燃煤发电。而非东部城市经济发展相对较弱，行业结构也相对较为简单，对能源的需求和对环境的影响相对较小。此外，非东部城市在近年来逐步转型升级，朝着更加环保、高效、可持续的方向发展，也有利于减少二氧化碳排放。东部城市的基础设施建设相对完善，人口密度高，居民生活、工业生产和交通需求等多方面的压力也相应更大，从而导致了更高的二氧化碳排放量。与之相比，非东部城市的能源消耗和排放相对较低，因为这些城市的经济发展主要依靠农业和服务业，不需要大量的制造业和高能耗的行业。随着环保意识的逐渐提升和政策的支持，非东部城市在绿色发展方面也有了更多的机会和优势。因此，非东部城市在减少二氧化碳排放方面可以更快速、更显著地取得成效，并且在全国范围内发挥更大的环保作用。

2. 发达程度差异

表 5-7 中第（3）和第（4）列的结果显示，低 GDP 城市的 *YQTtreatpost* 系数更显著、更大，说明低 GDP 城市的 *YQTtreatpost* 对二氧化碳排放的降低更显著。低 GDP 城市相对来说经济基础较弱，能源来源、产业结构等方面可能较为单一和不完善，相比高 GDP 城市的能源消耗和排放也可能较低，因此在低碳城市建设和碳排放权交易的运用方面更容易实现更显著的降低二氧化碳排放。具体原因如下：首先，低 GDP 城市的碳排放总量相对较低，因此实施碳排放权交易制度包括发放、交易、监管等减排手段，可以更快适应管理和控制交易。这一方面可以有效减少企业的碳排放，在一定程度上达到节约能源、降低排放的目的；另一方面可以通过交易市场的方式，鼓励企业采用低碳技术、资金投入，进一步减缓碳排放。其次，低 GDP 城市经济基础薄弱，政府更加重视绿色城市建设，实施低碳城市政策可以获得更多的政策和资金支持。例如，政策扶持和优惠措施使企业采用绿色能源、节能技术的成本降低，也可以通过开展节能和环保推广活动，进一步提升企业和公众对于节能低碳的认知度和意识，从而促进城市的绿色低碳发展。综上所述，低 GDP 城市实施碳排放权交易和低碳城市政策的协同措施确实可以更加容易地实现降低城市二氧化碳排放的目标，其主要原因是其碳排放总量较小，政府更加重视绿色城市建设，实施方针和

支持政策也更加积极。

3. 资源禀赋差异

表5-7中第（5）和第（6）列的结果显示，高资源禀赋城市的 *YQTtreatpost* 系数更显著、更大，说明低GDP城市和高资源禀赋城市的 *YQTtreatpost* 对二氧化碳排放的降低更显著。高资源禀赋城市相对来说具有更加丰富的人力、物力和财力资源，能源使用和产业结构问题也可能相对复杂，因此在实施碳排放权交易制度和低碳城市政策时可以更有针对性，从而实现更显著的降低二氧化碳排放的目标。具体原因如下：首先，高资源禀赋城市当前面临能源消耗和环境污染等多重问题，寻求经济模式转型、转变能源消费和环境保护方式的压力更大，因此实施碳排放权交易制度能够刺激企业加强碳排放控制和节能减排工作，同时也能够借助金融市场的手段引导生产经营者根据企业的实际情况灵活运用碳排额度，从而达到降低二氧化碳排放的目的。其次，高资源禀赋城市通常可以采取更加复杂和多元化的碳排放减排措施。例如，通过积极推广新能源、大力发展能源互联网等绿色低碳技术，改变城市的能源来源和消费方式；增加透明度和规范度，鼓励企业开展碳数据披露和信息公开，提高碳排放监管和管理的效率。这些措施可以更加精准地应对不同产业和能源单元的碳排放量变化，进一步促进城市低碳发展。综上所述，高资源禀赋城市实施碳排放权交易和低碳城市政策的协同措施可以实现更显著的降低城市二氧化碳排放的目标，其主要原因是其资源丰富，具有更加复杂和多元化的碳排放减排措施可选，能够借助金融市场的力量带动碳排放降低等。

（二）机制检验

理论分析表明，*YQTtreatpost* 可以通过优化产业结构（*IS*）、提高技术创新（*Innovation*）水平、增加低碳运输网络（*Trans_Net*）来减少二氧化碳的排放。为了验证这一发现，采用的回归模型如下：

$$IS_{c,t}=\alpha+\beta YQTtreatpost_{c,t}+\varphi Control_{c,t}+\delta_c+\mu_t+\varepsilon_{c,t} \tag{5-3}$$

$$Innovation_{c,t}=\alpha+\beta YQTtreatpost_{c,t}+\varphi Control_{c,t}+\delta_c+\mu_t+\varepsilon_{c,t} \tag{5-4}$$

$$Trans\_Net_{c,t}=\alpha+\beta YQTtreatpost_{c,t}+\varphi Control_{c,t}+\delta_c+\mu_t+\varepsilon_{c,t} \quad (5-5)$$

表5-8报告了机制检验的回归结果，其中，第（1）列的 *YQTtreatpost* 呈正显著性，在10%的水平下显著为正，说明双政策的实施将优化产业结构。这是因为碳排放权交易的引入可以使得二氧化碳排放成本上升，从而鼓励企业转向更加低碳环保的产业。同时，低碳城市政策则可以通过建设低碳能源、加强公共交通等方式降低城市的整体碳排放水平。这样的协同政策可以在多个层面上推动城市向低碳发展，从而做到在优化城市产业结构的同时减少二氧化碳的排放。

表5-8 机制检验：碳排放权交易与低碳城市试点政策协同减排效应

变量	*IS*	*Innovation*	*Trans-Net*
	(1)	(2)	(3)
YQTtreatpost	0.010*	4.476***	0.055**
	(1.665)	(5.544)	(2.377)
Control variables	YES	YES	YES
City FE	*YES*	YES	YES
Year FE	*YES*	YES	YES
Adj_R^2	0.961	0.790	0.948

注：***、**、*分别表示1%、5%、10%的显著性水平，括号内的数值表示回归系数所对应的标准误差。

在第（2）列中，*YQTtreatpost* 对创新具有积极意义，表明 *YQTtreatpost* 可以促进城市技术创新。这是因为协同政策可以促进城市技术创新，如建设智慧城市、发展新能源、推广低碳交通等，从而提高城市生产和生活方式的可持续性并减少碳排放。碳排放权交易的引入可以刺激企业在技术创新和低碳转型方面加大投入，同时低碳城市政策的推进也为城市技术创新提供了广阔的市场和支持环境。因此，这种协同政策可以通过城市技术创新来实现减少二氧化碳排放的目标。

在第（3）列中，*YQTtreatpost*t 与 *Trans_Net* 具有正的显著性，这意味着双试点政策可以增加城市低碳交通网络。这是因为城市运用碳排放权交易和低碳城市政策的协同政策可以促进城市建设更加完备的低碳交通系统，如提高公共交通运营效率，鼓励多种形式的可持续交通方式（步行、自行车、公共交通、电动车等）等。这将促使居民更多地使用低碳交通方式，从而减少了高碳交通方式带来的二氧化碳排放，达到减少城市碳排放的目标。此外，碳排放权交易的引入也可以使高碳交通方式的成本上升，从而促使居民主动改变出行方式，进一步推动城市的低碳交通发展。

总的来看，双政策的实施将产生多方面的效应，包括但不限于优化城市产业结构、改进城市技术创新、增加城市低碳交通网络等方面。这些措施将有助于减少城市二氧化碳的排放，进而实现应对气候变化的目标。通过创新和推广新技术、加大对低碳交通的投资和建设等方式，城市所排放的二氧化碳排放量将得到有效的解决，促进城市的可持续发展和实现经济、社会、环境效益的共赢。

四、本章小结

碳排放权交易和低碳城市试点是碳减排的重要规制手段，对于发展区域碳市场、增加减排投资、加强低碳技术研发等方面具有重要意义。为了考察双试点地区是否相比单试点地区具有更强的减排效应，本章采用双重差分方法考察了低碳城市和碳排放权交易双试点对城市二氧化碳排放的影响，检验碳排放的产业结构、技术创新和交通网络效应，并对优化产业结构、提高技术创新、增加低碳运输网络对于碳减排影响的影响机制和异质性进行了检验。

实证结果表明，双试点政策的实施使得城市二氧化碳排放显著减少了15.51%，双试点协同实施能够在不同层面形成配合，有助于城市碳排放的管控。双试点能够在提高城市经济发展水平的同时提升工业化水平，政府财政支持、平均工资水平与碳减排负相关，说明城市基础设施水平提升，以及企业通过技术升级增加利润，有助于促进碳减排。双试点政策作用存在异质性，在非东部城市、经济不发达城市和资源禀赋较高的城市作用更明显，并且能够通过优化产业结构、提高技术创新水平和增加低碳运输网络来减少碳排放。

第六章

碳排放权交易与环境信息公开评价政策的协同减排效应

一、环境信息公开评价政策背景

在改革开放后的经济快速发展中，以高投入、高消耗、高排放的“三高”为代表的粗放型增长带来了诸多生态环境问题，经济发展面临环境污染严重、生态系统退化、资源约束趋紧的不利形势，环境污染事件频发，生态环境的承载能力接近上限[150]。为此，我国在环境信息公开方面开展了长期的环境规制探索。例如，1989 年颁布的《环境保护法》中就规定了各级地方政府应定期公开发布环境状况，但仅仅是原则性、导向性的规定，执行率不高。2008 年 5 月，中国正式印发实施《环境信息公开办法》，不仅要求政府部门公开所有的环境质量和污染源监管信息，还将企业纳入了信息披露主体。2013 年和 2014 年，国家进一步出台了重点监控企业、建设项目的信息公开办法，明确了细则。2014 年新修订的《环境保护法》专门安排了信息公开和公众参与的章节，从法律领域进一步强调了环境信息公开的重要性，重点排污企业的信息披露从自愿公开转为强制公开。随着环境信息公开逐步系统化、制度化，2021 年生态环境部出台《环境信息依法披露制度改革方案》，2022 年《企业环境信息依法披露管理办法》实施，推动中国环境信息公开披露的法治化、规范化和制度化不断深入。

环境信息公开评价为碳减排提供必要的数据支持，通过公开环境污染指数等信息，政府、企业和公众可以更全面地了解当地的碳排放情况，从而有针对性地进行下一步环境资源保护规划；同时也可以增强政府和企业对于环保的责任感，形成良性的竞争和激励机制，激励各方面对碳减排和生态保护做出更大的贡献。随着环境信息公开披露制度的不断健全，围绕环境信息公开的场景应用也在不断丰富，参与环境治理的主体也不断增多。经过数十余年的积累，环境大数据、绿色金融、绿色供应链等多种场景应用应运而生。头部金融机构已经非常重视利用环境数据加强风险管理，如中国邮政储蓄银行将公众环境研究中心和环保部门的公开数据纳入信用风控指标，并开展环境气候风险管理。

环境信息公开制度的不断完善，标志着环境治理现代化的逐步升级。“双碳”目标提出后，气候治理的概念进入公众视野。最新的《企业环境信息依法披露管理办法》已经将企业碳排放信息纳入披露内容。上市公司和发债企业则被要求将融资项目的应对气候变化信息依法披露。

二、基准回归与稳健性检验

（一）模型构建

本章旨在识别碳排放权交易与环境信息公开评价政策的协同碳减排效应，选用 2006~2019 年我国 282 个地级市的碳排放数据及对应城市层面的相关数据，采用双重差分模型进行实证研究。考虑到两个政策都是分批实行的，利用多期双重差分法识别双试点设立前后，试点地区与非试点地区的碳排放差异。多期双重差分模型设定如下：

$$LnCO_{2it}=\alpha_0+\beta_1 treatment_i\times disclosure_{it}+\lambda X_{it}+\delta_{i,t}+\mu_i+\gamma_t+\varepsilon_{it} \quad (6-1)$$

$$LnCO_{2it}=\alpha_0+\beta_1 treatment_i\times carbon_{it}\times disclosure_{it}+\lambda X_{i,t}+\delta_{i,t}+\mu_i+\gamma_t+\varepsilon_{i,t} \quad (6-2)$$

式中，i 表示城市，t 表示年份。$LnCO_{2it}$ 表示各城市的碳排放水平，分别用各地级市碳排放量去衡量。$treatment_i$ 表示实施双政策的处理组，如果 i 城市既实施碳排放交易试点又实施环境信息公开政策则取值为 1，否则为 0。$carbon_{it}$ 是 i 城市在 t 年是否实施了碳排放交易试点的解释变量，如果实施变量取值为 1，否则为 0。同理，$disclosure_{it}$ 是 i 城市在 t 年是否实施了环境信息公开的解释变量，如果实施变量取值为 1，否则为 0。式（6-1）的系数 β_1 为环境信息公开评价的碳减排效应，式（6-2）的系数 β_1 即碳排放权交易试点和环境信息公开评价协同碳减排效应；$X_{i,t}$ 是城市层面控制变量，γ_t 和 μ_i 分别表示时间固定效应和城市固定效应，$\varepsilon_{i,t}$ 表示随机扰动项。此外，模型中还控制了省份随时间变化的固定效应 $\delta_{i,t}$，以剔除省份层面随时间变化的其他随机因素。

（二）变量选取与数据来源

1. 被解释变量

选取地级市的碳排放量来衡量城市的碳排放水平。借鉴吴建新和郭智勇（2016）[151] 的城市碳排放核算方法，将电能、煤气和液化石油气、交通运输和热能消耗产生的碳排放相加就得到各个城市总的碳排放。具体而言，对于煤气和液化石油气等直接能源消耗产生的碳排放，可利用 IPCC2006 提供的相关转化因子计算。电能消耗的碳排放计算较为复杂，采用 Glaeser 和 Kahn（2010）[152] 的做法，用我国各区域的电网基准线排放因子乘以城市电能消耗量计算出碳排放量。对于交通运输产生的碳排放，利用《中国统计年鉴》中运输部门消耗的各类能源计算出不同运输方式的单位客（货）运量的能源消耗乘以客（货）运量，得到交通运输产生的城市碳排放。对于热能消耗产生的碳排放，由于热能产生的原料以原煤为主，首先利用供热量、热效率和原煤发热量系数计算出所需要的原煤数量，再用原煤折算标准煤系数计算出集中供热消耗的能源数量，然后用历年《中国城市建设统计年鉴》中的集中供热数据直接计算出产生的碳排放。由于历年《中国统计年鉴》中用电量于2017年及之后统计口径发生变化，因此测算了按照统计年鉴数据和统一口径数据的碳排放。

2. 解释变量

碳排放权交易试点和环境信息公开评价都是分批实行的。中国公众环境研究中心从2008年开始逐年对我国113个城市的环境信息披露程度进行评价。2013年，环境信息公开披露的城市增加到120个。同样，2013年6月深圳率先启动了碳排放权交易权试点的城市，同年北京、上海、广东、天津陆续启动了试点。2014年2月和4月，试点又拓展到了湖北和重庆。2016年9月，福建也加入了碳排放交易试点。为了探索双试点政策的协同碳减排效果，解释变量 $treatment_i \times carbon_{it} \times disclosure_{it}$ 的取值取决于当年该城市是否同时是碳排放交易试点城市和环境信息公开评价城市，如果是取值为1，否则为0。

3. 控制变量

控制变量包括人口密度（*lnpopden*）代表人口活动规模，以地级市年末人口数除以行政区域面积衡量；人均地区生产总值（*lnpgdp*）衡量城市经济发展水平，通过地级市生产总值除以年末总人口得到；财政依存度（*govregulation*）表征政府财政支持，以城市公共财政支出占地区生产总值比重衡量；对外开放程度（*lnfdi*）表征对外开放程度，用城市进出口总额与*GDP*的比值衡量；工业生产总值（*industry*）代表城市工业发展水平，采用规模以上工业企业生产总值占城市生产总值的比例衡量；城市平均工资（*lnwage*）表征城市人民生活水平，用地级市就业人员平均工资的对数来衡量；互联网发展水平（*lninternet*）代表城市信息基础设施发展情况，用地级市互联网宽带接入户数的对数衡量。以上指标数据主要来源于历年《中国城市统计年鉴》《中国城市建设统计年鉴》《中国能源统计年鉴》

《中国区域统计年鉴》，以及各省的《统计年鉴》、国泰安数据库和政府网站公开资料等，缺失值用插值法进行填补。表 6-1 为主要变量描述性统计。

表 6-1　主要变量描述性统计：碳排放权交易与环境信息公开评价的协同减排效应

变量	Obs	Mean	Std. Dev.	Min	Max
$LnCO_2$	3948	5.984	1.169	2.019	10.04
lnpgdp	3948	10.41	0.807	7.922	13.18
lnpopden	3948	5.734	0.920	1.547	7.923
govregulation	3948	0.294	0.357	0.00992	4.541
lnfdi	3948	0.198	0.380	0	8.133
industry	3948	1.394	0.682	0.00465	17.65
lnwage	3948	10.58	0.497	8.906	12.06
lninternet	3948	5.997	1.132	-1.442	9.527

注：***、**、*分别表示 1%、5%、10%的显著性水平，括号内的数值表示回归系数所对应的标准误差。

（三）基准模型回归分析

按照上述构建的基准模型，本部分考察了环境信息公开评价政策的碳减排效应和碳排放权交易与环境信息公开评价政策协同促进区域碳减排的效应，回归结果如表 6-2 所示。其中，第（1）和第（2）列为环境信息公开的碳减排效应，加入控制变量后环境信息公开评价仅在 10%的水平下显著降低碳减排。第（3）和第（4）列为双政策的碳减排效应，第（3）列为加入控制变量的回归结果，与第（4）列不加入控制变量的结果相比，回归结果变化不大，都在 1%的水平下显著为负，这说明相较于环境信息公开的单政策，双政策更加显著地促进区域碳减排。所有回归分析都采用了城市层面的聚类调整标准误差（Cluster Standard Errors）。

表 6-2　基准回归结果：碳排放权交易与环境信息公开评价的协同减排效应

变量	(1)	(2)	(3)	(4)
	$LnCO_2$	$LnCO_2$	$LnCO_2$	$LnCO_2$
treatment×disclosure	-0. 0831 *	-0. 1619 ***		
	(0. 0495)	(0. 0434)		
treatment×carbon×disclosure			-0. 3270 ***	-0. 3596 ***
			(0. 1080)	(0. 1015)
lnpgdp	0. 4313 ***		0. 4190 ***	
	(0. 1433)		(0. 1435)	
lnpopden	0. 4113		0. 5204 **	
	(0. 2494)		(0. 2445)	
govregulation	-0. 1748		-0. 2151 **	
	(0. 1061)		(0. 1025)	
lnfdi	0. 0287		0. 0183	
	(0. 0348)		(0. 0297)	
industry	0. 0254		0. 0239	
	(0. 0313)		(0. 0304)	
lninternet	-0. 0058		-0. 0111	
	(0. 0357)		(0. 0353)	
lnwage	0. 0667		0. 0203	
	(0. 1580)		(0. 1546)	
Constant	-1. 3921	5. 5707 ***	-1. 3766	5. 5707 ***
	(2. 2859)	(0. 0189)	(2. 2578)	(0. 0194)
Observations	3948	3948	3948	3948
R^2	0. 4506	0. 4299	0. 4555	0. 4319
Number of id	282	282	282	282
Province Year FE	YES	YES	YES	YES
Year FE	YES	YES	YES	YES
City FE	YES	YES	YES	YES

注：***、**、*分别表示 1%、5%、10%的显著性水平，括号内的数值表示回归系数所对应的标准误差。

（四）稳健性检验

1. 平行趋势检验

为了进一步检验双政策实施之前后的平行趋势以及观察该评价制度是否存在时滞效应，借鉴张国建（2019）[153] 的研究框架，采用事件分析法检验平行趋势假设，并分析政策动态效应。具体而言，以双政策城市启动年份之前的实施前 1 年为比较基准，构建政策实施之前 10 年、实施当年和实施之后 6 年的年份虚拟变量与对应政策虚拟变量的交乘项，具体模型如下：

$$LnCO_{2i,t}=\alpha_0+\sum_{i}^{10}\rho_{-i}pre_{i,t}+\sum_{k=0}^{6}\partial_k post_{i,k}+\lambda X_{i,t}+\delta_{i,t}+\gamma_t+\mu_i+\varepsilon_{i,t} \tag{6-3}$$

从图 6-1 可以看出，碳排放权交易和环境信息公开评价政策协同实施

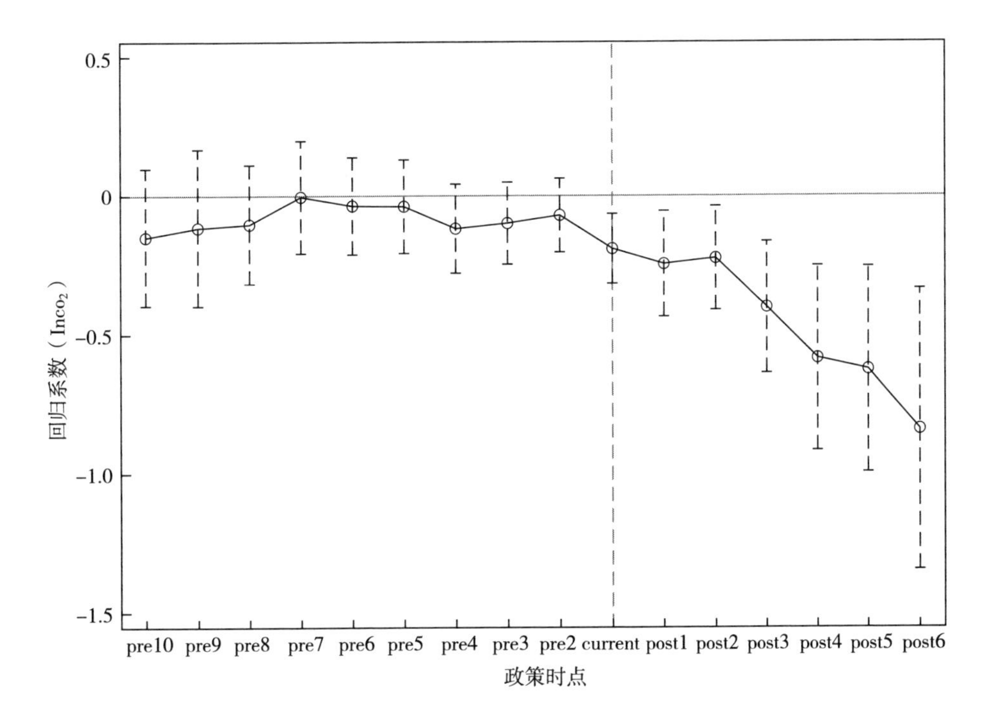

图 6-1　平行趋势检验：碳排放权交易与环境信息公开评价的协同减排效应

之前 10 年，回归系数均未通过显著性检验，处理组与控制组的碳排放的变动趋势满足平行趋势假设。在政策实施之后，回归系数为负且显著，所以双政策协同碳减排的效应是显著的。

2. 倾向得分匹配双重差分法（PSM-DID）

为了进一步验证基准结果，使用倾向得分匹配双重差分法（PSM-DID）进行检验。碳排放权交易试点地区是在 2011 年 10 月确定的，Liu 等（2021）[154] 指出，北京等 7 个试点地区的高耗能、高碳排放企业在试点确定时就已获知碳市场政策，并积极调整生产策略来加以应对，实现提前减排的效果。而碳排放交易权政策试点开始的时间完全晚于环境信息公开评价政策，所以双试点政策的协同效应最早会在 2011 年产生。因此，借鉴吴茵茵等（2021）[155] 的方法，仅对 2011 年前即被政策影响前的数据进行逐年匹配，回归结果如表 6-3 所示，无论采用核匹配法、近邻匹配法还是半径匹配法，单政策和双政策的回归结果仍然显著，依然是双政策的碳减排效果较仅实施环境信息公开评价更为显著。基准结果具有稳健性。

表 6-3 PSM-DID 回归结果

变量	(1)	(2)	(3)
	（核匹配）	（近邻匹配）	（半径匹配）
	$LnCO_2$	$LnCO_2$	$LnCO_2$
treatment×disclosure	−0.0779*	−0.0864*	−0.0864*
	(0.0444)	(0.0475)	(0.0475)
lnpgdp	0.4499***	0.4363***	0.4363***
	(0.1541)	(0.1606)	(0.1606)
lnpopden	0.2740	0.2010	0.2010
	(0.3134)	(0.3472)	(0.3472)
govregulation	−0.4010***	−0.4271***	−0.4271***
	(0.0904)	(0.0910)	(0.0910)
lnfdi	0.0245	0.0270	0.0270
	(0.0285)	(0.0306)	(0.0306)

续表

变量	(1) (核匹配) $LnCO_2$	(2) (近邻匹配) $LnCO_2$	(3) (半径匹配) $LnCO_2$
industry	0. 1708 *** (0. 0474)	0. 1864 *** (0. 0525)	0. 1864 *** (0. 0525)
lnwage	-0. 1395 (0. 1798)	-0. 1926 (0. 1896)	-0. 1926 (0. 1896)
lninternet	-0. 0475 (0. 0555)	-0. 0279 (0. 0643)	-0. 0279 (0. 0643)
_cons	1. 5288 (2. 6953)	2. 7860 (2. 9013)	2. 7860 (2. 9013)
R^2	0. 5621	0. 5602	0. 5602
N	2548	2408	2408

变量	(4) (核匹配) $LnCO_2$	(5) (近邻匹配) $LnCO_2$	(6) (半径匹配) $LnCO_2$
treatment×carbon×disclosure	-0. 4130 *** (0. 1523)	-0. 4096 *** (0. 1387)	-0. 4074 *** (0. 1531)
lnpgdp	0. 4448 *** (0. 1523)	0. 4245 *** (0. 1491)	0. 4325 *** (0. 1590)
lnpopden	0. 2619 (0. 2945)	0. 3371 (0. 2952)	0. 2050 (0. 3284)
govregulation	-0. 4343 *** (0. 0903)	-0. 4329 *** (0. 0890)	-0. 4636 *** (0. 0917)
lnfdi	0. 0236 (0. 0268)	0. 0123 (0. 0237)	0. 0267 (0. 0291)
industry	0. 1628 *** (0. 0464)	0. 1534 *** (0. 0453)	0. 1777 *** (0. 0515)
lnwage	-0. 1736 (0. 1708)	-0. 1984 (0. 1659)	-0. 2265 (0. 1801)

续表

变量	(4)	(5)	(6)
	(核匹配)	(近邻匹配)	(半径匹配)
	$LnCO_2$	$LnCO_2$	$LnCO_2$
lninternet	-0.0494	-0.0493	-0.0287
	(0.0540)	(0.0512)	(0.0622)
_cons	2.0796	2.1115	3.2266
	(2.5482)	(2.5092)	(2.7558)
R^2	0.5715	0.5724	0.5695
N	2548	2618	2408

注：***、**、*分别表示1%、5%、10%的显著性水平，括号内的数值表示回归系数所对应的标准误差。

3. 剔除同期其他政策和城市行政等级干扰

由于环境规制作用主体多元，加上气候治理的系统性、复杂性，部分举措、政策都可能受到其他因素影响，且我国每年都会推出各类环境规制政策。因此，排除其他重要环境政策对估计结果的干扰，具体包括：①2013年环境保护部颁布《关于执行大气污染物特别排放限值的公告》，公告明确规定对京津冀等“三区十群”重点控制区的火电、钢铁、石化、水泥、有色、化工等重点行业执行大气污染物特别排放限值，大气排放限值试点城市与双试点城市名单有所重合，故在回归中将同时受三种政策影响的城市予以剔除。表6-4中第（1）至第（4）列为剔除这些城市之后的回归结果，双政策碳减排结果仍然显著，加入控制变量后环境信息公开评价的碳减排效果却不显著。②2010年起开始实施的旨在促进城市节能减排的低碳城市试点政策也可能会影响评估结果，故也剔除同时实施三种政策的城市，第（3）、第（4）、第（6）、第（7）列为相应回归结果，同样，双政策协同碳减排效果显著为负。

表 6-4　剔除同期其他政策的干扰

变量	(1)	(2)	(3)	(4)
	(去大气污染特别排放限制)		(去低碳城市试点)	
	$LnCO_2$	$LnCO_2$	$LnCO_2$	$LnCO_2$
treatment×disclosure	-0. 0830 (0. 0504)	-0. 1565 *** (0. 0459)	-0. 0859 * (0. 0495)	-0. 1649 *** (0. 0442)
lnpgdp	0. 4087 *** (0. 1460)		0. 4218 *** (0. 1469)	
lnpopden	0. 6356 ** (0. 2644)		0. 5199 * (0. 2669)	
govregulation	-0. 1936 * (0. 1069)		-0. 1795 * (0. 1073)	
lnfdi	0. 0084 (0. 0286)		0. 0233 (0. 0333)	
industry	0. 0245 (0. 0312)		0. 0251 (0. 0314)	
lninternet	-0. 0146 (0. 0376)		-0. 0072 (0. 0365)	
lnwage	-0. 0050 (0. 1678)		0. 0629 (0. 1601)	
Constant	-1. 7371 (2. 3377)	5. 4661 *** (0. 0196)	-1. 9105 (2. 2698)	5. 4940 *** (0. 0194)
Observations	3780	3780	3836	3836
R^2	0. 4505	0. 4301	0. 4483	0. 4273
Number of id	270	270	274	274
Province Year FE	YES	YES	YES	YES
Year FE	YES	YES	YES	YES
City FE	YES	YES	YES	YES

变量	(5)	(6)	(7)	(8)
	(去大气污染特别排放限制)		(去低碳城市试点)	
	$LnCO_2$	$LnCO_2$	$LnCO_2$	$LnCO_2$
treatment×carbon×disclosure	-0. 4699 ** (0. 1823)	-0. 5196 *** (0. 1883)	-0. 3678 *** (0. 1206)	-0. 4049 *** (0. 1189)

续表

变量	(5)	(6)	(7)	(8)
	(去大气污染特别排放限制)		(去低碳城市试点)	
	$LnCO_2$	$LnCO_2$	$LnCO_2$	$LnCO_2$
lnpgdp	0.4373*** (0.1514)		0.4138*** (0.1468)	
lnpopden	0.2411 (0.2888)		0.5844** (0.2662)	
govregulation	-0.4347*** (0.0903)		-0.2176** (0.1035)	
lnfdi	0.0263 (0.0284)		0.0146 (0.0288)	
industry	0.1643*** (0.0469)		0.0250 (0.0307)	
lninternet	-0.0488 (0.0540)		-0.0109 (0.0359)	
lnwage	-0.1746 (0.1758)		0.0211 (0.1554)	
Constant	2.1752 (2.5334)	5.6395*** (0.0229)	-1.7369 (2.2561)	5.4940*** (0.0198)
Observations	2506	2506	3836	3836
R^2	0.5711	0.5184	0.4536	0.4295
Number of id	179	179	274	274
Province Year FE	YES	YES	YES	YES
Year FE	YES	YES	YES	YES
City FE	YES	YES	YES	YES

注：***、**、*分别表示1%、5%、10%的显著性水平，括号内的数值表示回归系数所对应的标准误差。

另外，还排除了行政层级因素造成的干扰，直辖市、省会城市等一般具有更好的经济发展政策，财力充裕且自然条件也占优，往往更容易成为国家各项政策的试点地区，政策落地效果也可能优于其他城市，从而带来结果的估计偏误。因此，本书在基准回归基础上分别剔除了直辖市、副省级城市、省会城市样本。检验结果如表6-5所示，实施双政策的碳减排效应的系数依然显著为负，且较环境信息公开政策更为显著，验证了基准回归结果的稳健性。

表6-5　剔除城市等级干扰

变量	(1)	(2)	(3)	(4)	(5)	(6)
	（去直辖市）		（去省会城市）		（去副省会城市）	
	$LnCO_2$	$LnCO_2$	$LnCO_2$	$LnCO_2$	$LnCO_2$	$LnCO_2$
treatment×	-0.0831*	-0.1619***	-0.0929*	-0.1740***	-0.0907*	-0.1709***
disclosure	(0.0492)	(0.0431)	(0.0543)	(0.0478)	(0.0511)	(0.0463)
lnpgdp	0.4313***		0.4981***		0.4274***	
	(0.1423)		(0.1492)		(0.1517)	
lnpopden	0.4113*		0.3681		0.5512**	
	(0.2478)		(0.2885)		(0.2748)	
govregulation	-0.1748*		-0.1485		-0.1834*	
	(0.1054)		(0.1148)		(0.1098)	
fdi	0.0287		0.0255		0.0171	
	(0.0346)		(0.0340)		(0.0316)	
industry	0.0254		0.0127		0.0176	
	(0.0311)		(0.0306)		(0.0315)	
lninternet	-0.0058		0.0045		-0.0094	
	(0.0354)		(0.0398)		(0.0386)	
lnwage	0.0667		0.0841		0.0650	
	(0.1569)		(0.1659)		(0.1636)	
Constant	-1.4237	5.5259***	-2.1151	5.4186***	-2.1566	5.4579***
	(2.2669)	(0.0191)	(2.5042)	(0.0201)	(2.3661)	(0.0198)
Observations	3892	3892	3584	3584	3738	3738
R^2	0.4489	0.4281	0.4559	0.4338	0.4515	0.4304
Number of id	278	278	256	256	267	267
Province Year FE	YES	YES	YES	YES	YES	YES

续表

变量	(1)	(2)	(3)	(4)	(5)	(6)
	(去直辖市)		(去省会城市)		(去副省会城市)	
	$LnCO_2$	$LnCO_2$	$LnCO_2$	$LnCO_2$	$LnCO_2$	$LnCO_2$
Year FE	YES	YES	YES	YES	YES	YES
City FE	YES	YES	YES	YES	YES	YES
变量	(7)	(8)	(9)	(10)	(11)	(12)
	(去直辖市)		(去省会城市)		(去副省会城市)	
	$LnCO_2$	$lLnCO_2$	$LnCO_2$	$LnCO_2$	$LnCO_2$	$LnCO_2$
treatment×carbon×disclosure	−0.3270***	−0.3596***	−0.3824***	−0.4224***	−0.3719***	−0.4049***
	(0.1073)	(0.1008)	(0.1197)	(0.1109)	(0.1218)	(0.1200)
lnpgdp	0.4190***		0.4812***		0.4202***	
	(0.1425)		(0.1498)		(0.1516)	
lnpopden	0.5204**		0.5172*		0.6245**	
	(0.2429)		(0.2869)		(0.2753)	
govregulation	−0.2151**		−0.1909*		−0.2225**	
	(0.1018)		(0.1109)		(0.1063)	
lnfdi	0.0183		0.0143		0.0079	
	(0.0295)		(0.0290)		(0.0276)	
industry	0.0239		0.0115		0.0171	
	(0.0302)		(0.0299)		(0.0307)	
lninternet	−0.0111		−0.0024		−0.0150	
	(0.0350)		(0.0392)		(0.0381)	
lnwage	0.0203		0.0328		0.0229	
	(0.1536)		(0.1624)		(0.1587)	
Constant	−1.4076	5.5259***	−2.2210	5.4186***	−2.0262	5.4579***
	(2.2391)	(0.0195)	(2.4812)	(0.0205)	(2.3581)	(0.0202)
Observations	3892	3892	3584	3584	3738	3738
R^2	0.4538	0.4301	0.4620	0.4375	0.4569	0.4324
Number of id	278	278	256	256	267	267
Province Year FE	YES	YES	YES	YES	YES	YES

续表

变量	(7)	(8)	(9)	(10)	(11)	(12)
	(去直辖市)		(去省会城市)		(去副省会城市)	
	$LnCO_2$	$lLnCO_2$	$LnCO_2$	$LnCO_2$	$LnCO_2$	$LnCO_2$
Year FE	YES	YES	YES	YES	YES	YES
City FE	YES	YES	YES	YES	YES	YES

注：***、**、*分别表示1%、5%、10%的显著性水平，括号内的数值表示回归系数所对应的标准误差。

三、异质性分析与机制检验

（一）异质性分析

1. 区域异质性

我国幅员辽阔，区域间的经济发展水平、资源禀赋、环保意识等存在较大差异，这可能会导致双政策碳减排效应的地区异质性。因此本部分将样本分为东部、中部、西部城市进行分析。回归结果如表6-6所示，加入控制变量后，碳排放权交易和环境信息公开评价政策协同区域碳减排效应仅在东中部城市在10%的水平下显著为负，在西部碳减排效应都不显著。这可能是因为：其一，东部和中部地区相较于西部经济发达，市场化程度较高、基础设施建设完善，公众受教育程度等较高，实施双政策时，东部、中部地区的产业一方面可以凭借较高的市场化程度更好地进行碳排放权交易，从而达到碳减排的效果，另一方面在环境信息公开时东部、中部城市企业由于东部城市人口受教育程度高会受到更严格的公众监督，同时碳排放权交易试点导致污染排放成本增加时，东部城市污染企业更迫切地需要节能减排，也有足够的资金、人才及良好的基础设施条件通过缩小产业规模、产业结构转移、技术创新等方式来减少碳排放。双政策城市也主要分布在东部、中部城市。其二，东部、中部地区经济发展走在我国前列，经济发展水平高，人口密度大，能耗也较高，导致碳排放较多，在双重环境规制政策的影响下，碳减排压力较大，碳减排效应也更加显著。其三，由于工业企业快速发展，东部、中部城市的环境污染问题也更早显现，东部城市更早地探索了节能减排之路，所以东部城市的政府、企业能更好地利用双政策的契机引导企业探索绿色低碳发展之路。

表 6-6　区域异质性

变量	(1)	(2)	(3)	(4)	(5)	(6)
	(东部)		(中部)		(西部)	
	$LnCO_2$	$LnCO_2$	$LnCO_2$	$LnCO_2$	$LnCO_2$	$LnCO_2$
treatment×carbon×disclosure	−0.2665*	−0.4056***	−0.2058*	−0.2182*	−0.1671	−0.1929*
	(0.1524)	(0.1265)	(0.1238)	(0.1231)	(0.2079)	(0.1064)
lnpgdp	0.0393		0.2072		0.8795**	
	(0.2913)		(0.1331)		(0.3486)	
lnpopden	0.0181		0.6286**		1.0495*	
	(0.4335)		(0.3140)		(0.5511)	
govregulation	−0.2400		−0.3451***		−0.1996	
	(0.2397)		(0.1237)		(0.1615)	
lnfdi	0.0058		0.1041		−0.2531	
	(0.0164)		(0.1450)		(0.1925)	
industry	0.0742		0.0410		0.0003	
	(0.0474)		(0.0602)		(0.0406)	
lninternet	0.0167		−0.0331		−0.0533	
	(0.0435)		(0.0579)		(0.1085)	
lnwage	0.4461*		−0.0130		−0.2662	
	(0.2365)		(0.1911)		(0.4073)	
Constant	1.2656	6.2440***	0.4679	5.4873***	−5.4361	4.9489***
	(4.5444)	(0.0272)	(2.5436)	(0.0254)	(5.4701)	(0.0494)

续表

变量	(1)	(2)	(3)	(4)	(5)	(6)
	(东部)		(中部)		(西部)	
	$LnCO_2$	$LnCO_2$	$LnCO_2$	$LnCO_2$	$LnCO_2$	$LnCO_2$
Observations	1218	1218	1568	1568	1148	1148
R^2	0.5536	0.5331	0.4590	0.4295	0.4150	0.3726
Number of id	87	87	112	112	82	82
Province Year FE	YES	YES	YES	YES	YES	YES
Year FE	YES	YES	YES	YES	YES	YES
City FE	YES	YES	YES	YES	YES	YES

注：***、**、*分别表示1%、5%、10%的显著性水平，括号内的数值表示回归系数所对应的标准误差。

2. 产业结构差异

除地域外，不同产业结构城市的区域碳减排效应也不同。借鉴苏涛永等（2022）[55] 的方法将样本按照第二产业和第三产业占比分为第二产业主导城市和第三产业主导城市，由于双政策从2013年起影响城市碳减排，所以选择政策实施前的2012年的两种产业占比的大小来区分两种产业主导的城市。

回归结果如表6-7所示，在第（2）和第（4）列不加入控制变量时，双政策的协同区域碳减排效应在两种城市中都显著，但是第二产业主导城市在双政策实施时更加显著地降低了碳减排；在第（1）和第（3）列加入控制变量后，双政策只显著降低第二产业主导城市的碳排放，对第三产业主导城市的碳减排的影响不显著。其原因可能是第二产业以工业为主体，煤炭等能源的需求量更大，碳排放总量大，也是政府环境规制的重点，碳减排压力更大，而第三产业是以服务业为主的产业，碳减排压力较小。

表 6-7 产业结构异质性

变量	(1)	(2)	(3)	(4)
	(第二产业主导)		(第三产业主导)	
	$LnCO_2$	$LnCO_2$	$LnCO_2$	$LnCO_2$
treatment×carbon×disclosure	-0.3797***	-0.4209***	-0.5191	-0.4130*
	(0.1331)	(0.1329)	(0.3551)	(0.2384)
lnpgdp	0.4325***		0.9560	
	(0.1395)		(0.9792)	
lnpopden	0.6169*		1.0952	
	(0.3151)		(1.0810)	
govregulation	-0.1910*		-0.3465	
	(0.1091)		(0.3761)	
lnfdi	0.0081		0.0820	
	(0.0293)		(0.2174)	
industry	0.0090		0.3005	
	(0.0263)		(0.3337)	
lninternet	-0.0096		-0.1328	
	(0.0394)		(0.1272)	
lnwage	0.0805		-0.0320	
	(0.1733)		(0.7215)	
Constant	-2.7088	5.4940***	-8.5951	6.0093***
	(2.7572)	(0.0191)	(12.3223)	(0.0695)
Observations	3360	3360	588	588
R^2	0.4704	0.4482	0.6848	0.6374
Number of id	240	240	42	42
Province Year FE	YES	YES	YES	YES
Year FE	YES	YES	YES	YES
City FE	YES	YES	YES	YES

注：***、**、*分别表示1%、5%、10%的显著性水平，括号内的数值表示回归系数所对应的标准误差。

（二）机制检验

在全球低碳经济背景下，国内外大量学者积极探索区域和产业碳减排之路。目前针对不同国家和地区碳减排强度影响因素的研究主要集中在能源技术低碳化、产业结构低碳化和能源结构低碳化三个方面[156]。从前文的回归结果可以看出，碳排放权交易与环境信息公开评价政策能够有效促进城市碳减排。为进一步验证环境规制政策协同促进碳减排的中间机制和传导过程，根据碳排放权交易与环境信息公开评价政策的实施细节和特点，本部分将从产业结构升级、绿色技术创新和能源消费降低三个角度考察双政策的协同减排的传导机制。借鉴黎文靖和郑曼妮（2016）[140]、余林徽和马博文（2022）[157] 的做法，构建如下机制模型：

$$M_{i,t}=\alpha_0+\beta_1 treatment\times carbon_{i,t}\times disclosure_{i,t}+\lambda X_{i,t}+\delta_{i,t}+\mu_i+\gamma_t+\varepsilon_{i,t} \quad (6-4)$$

$$LnCO_{2i,t}=\alpha_0+\beta_1 carbon_{i,t}\times disclosure_{i,t}\times M_{i,t}+\lambda X_{i,t}+\delta_{i,t}+\mu_i+\gamma_t+\varepsilon_{i,t} \quad (6-5)$$

模型中引入三个中介变量 $M_{i,t}$：$M_{1,t}$ 表示产业结构（Structure），用第二产业产值占 GDP 的比重来表示；$M_{2,t}$ 表示绿色技术创新（Envrinvpat），用当年每万人绿色发明专利申请量来表示；$M_{3,t}$ 表示能源消费规模（Lnenergy），由于城市层面缺乏能源消费的数据，考虑到电力消费与能源消费存在很高的相关性，用地级市电力能源消费量的对数表示。模型中，i 表示城市，t 表示年份，其他变量与系数设定与基准回归方程式（6-1）一致。

1. 产业结构升级

碳排放权交易与排污权交易类似，属于环境权益交易，是一种政府主导下的市场化交易制度，有助于企业加大技术创新投入，从而推动产业结构升级。在碳排放权交易中，技术领先的企业能够通过将节约的碳排放配额售卖来获得低碳红利，而高耗能、高排放企业则需要通过市场购买配额以达到政府规定的碳减排门槛，以此倒逼企业推动产业升级。因此，在碳排放权交易政策下，市场的“优胜劣汰”功能在节能减排领域得以充分发挥。

环境信息公开评价作为一种公众型环境规制，可以与市场型环境规制的碳排放权交易政策相互补充，发挥环境规制的作用。环境信息公开评价政策执行之前，由于信息不对称，企业没有公开污染和碳排放信息意愿，甚至会隐瞒或谎报其真实污染排放水平，以此降低减排投入并获得成本优势。而在环境信息公开政策下，政府与企业、企业与社会的信息不对称问题得到有效缓解，企业在社会形象、商誉价值的考虑下，将更倾向于降低污染排放。另外，环境信息披露的有效执行，也会促使清洁产业加快替代污染产业，助推产业结构升级[158]。

因此，碳排放权试点和环境信息公开评价政策都有利于促进产业结构转型升级。由于我国三次产业的能源消费需求和结构存在明显差异，以工业为主的第二产业能源消费量大，碳排放也较大。因此产业结构合理化、产业结构转型和产业结构升级都显著降低了碳排放[154]，产业结构优化是控制碳排放的关键之一。回归结果如表6-8所示，第（2）列双政策在没用控制变量时显著降低了第二产业占比，但是第（1）列在增加控制变量时第二产业占比的降低并不显著，所以双政策通过促进产业结构升级来降低城市碳排放并不成立。这可能是因为产业结构升级需要较长的时间来推进，所以短期内双政策对产业结构升级的影响并不显著。

表6-8　机制分析：产业结构升级

变量	(1)	(2)	(3)	(4)
	structure	*structure*	$LnCO_2$	$LnCO_2$
treatment×*carbon*×*disclosure*	-0.0063 (0.0112)	-0.0255** (0.0117)		
carbon×*disclosure*×*structure*			-0.6942*** (0.2155)	-0.7724*** (0.2018)
lnpgdp	0.1898*** (0.0153)		0.4197*** (0.1434)	
lnpopden	0.0646*** (0.0248)		0.5096** (0.2458)	

续表

变量	(1)	(2)	(3)	(4)
	structure	*structure*	$LnCO_2$	$LnCO_2$
govregulation	-0.0324***		-0.2131**	
	(0.0105)		(0.1024)	
lnfdi	-0.0002		0.0184	
	(0.0024)		(0.0297)	
industry	0.0099		0.0247	
	(0.0063)		(0.0306)	
lninternet	0.0011		-0.0106	
	(0.0040)		(0.0352)	
lnwage	0.0205		0.0199	
	(0.0152)		(0.1543)	
Constant	-1.8914***	0.4787***	-1.3221	5.5707***
	(0.2249)	(0.0025)	(2.2625)	(0.0194)
Observations	3948	3948	3948	3948
R^2	0.8029	0.6865	0.4555	0.4321
Number of id	282	282	282	282
Province Year FE	YES	YES	YES	YES
Year FE	YES	YES	YES	YES
City FE	YES	YES	YES	YES

注：***、**、*分别表示1%、5%、10%的显著性水平，括号内的数值表示回归系数所对应的标准误差。

2. 绿色技术创新

波特假说提出，设计合理的环境规制能够激发绿色技术创新，从而提高企业竞争力。这一假说为研究环境规制与绿色技术创新提供了理论基础。欧盟碳排放权交易的实践，以及我国碳排放权交易试点已经证明，碳排放权交易能够为清洁企业带来额外效益。依托碳排放权的交易变现，企业能够获得节能减排技术的“创新补偿”，进一步推动市场实现“减排—创新—再减排”的良性循环。同样，环境信息公开作为环境规制政策也会促进绿色技术创新，其影响路径为“环境信息透明度提高—政府的环境执法压力加大—公众监督能力提高”，企业为了躲避政府惩罚、维护企业利益和形象，会寻求环保技术，从而降低污染排放。回归结果如表6-9所示，由第（1）、第（2）列可以看出双政策在1%的水平显著促进绿色技术创新，由第（3）、第（4）列也可以看出双政策通过绿色技术创新显著降低城市碳排放。

表6-9 机制分析：绿色技术创新

变量	(1)	(2)	(3)	(4)
	envrinvpat	*envrinvpat*	$LnCO_2$	$LnCO_2$
treatment×carbon×disclosure	1.7176*** (0.4358)	2.4712*** (0.7184)		
carbon×disclosure×envrinvpat			-0.0767** (0.0310)	-0.0679** (0.0304)
lnpgdp	-0.1923 (0.3993)		0.4043*** (0.1444)	
lnpopden	5.9107** (2.5341)		0.6626*** (0.2517)	
govregulation	0.1538 (0.2222)		-0.2232** (0.1029)	
fdi	-0.6312 (0.4787)		0.0110 (0.0275)	
industry	-0.2032* (0.1215)		0.0257 (0.0309)	
lninternet	-0.4153*** (0.1400)		-0.0081 (0.0363)	
lnwage	-0.5576** (0.2786)		0.0451 (0.1549)	
Constant	-24.0818* (12.7175)	0.0768* (0.0400)	-2.2938 (2.2627)	5.5707*** (0.0195)
Observations	3948	3948	3948	3948

续表

变量	(1)	(2)	(3)	(4)
	envrinvpat	*envrinvpat*	$LnCO_2$	$LnCO_2$
R^2	0.6169	0.5198	0.4522	0.4267
Number of id	282	282	282	282
Province Year FE	YES	YES	YES	YES
Year FE	YES	YES	YES	YES
City FE	YES	YES	YES	YES

注：***、**、*分别表示1%、5%、10%的显著性水平，括号内的数值表示回归系数所对应的标准误差。

3. 降低能源消费

实施碳排放权交易时，企业会调整自身行为以降低地区污染减排，增加自身减排收益，降低排污成本。基于长期发展考虑，除了进行绿色技术创新和推动产业结构转型升级，企业还会提高高效率部门的投入，从而提升企业的资源配置效率，优化区域能源结构，短期内提高能源利用效率，降低能源消费。另外，部分污染企业会选择迁移到政策环境规制强度较弱的城市，或者缩小污染产业的规模，这都会降低地方的能源消费规模。同样，碳排放交易权政策实施带来的污染成本增加也会刺激能源消费降低[157]。与碳排放权交易政策相似，环境信息公开的“公开警示”作用导致政府治污压力增大，也会间接增加企业的排污成本，促进区域内能源的节省转换和企业的进入和退出，提高能源利用效率。环境信息公开还有利于缓解地方政府在保护环境方面展开的“逐底竞争”，作为传统环境规制措施的有效补充，让公众更直观地了解所在地区的环境情况、企业的污染情况，促使公众提高环保意识，自发节约能源。对于双政策的回归结果如表6-10所示，由第（1）、第（2）列可以看出双政策分别在5%和1%的水平下显著降低能源消费规模，由第（3）、第（4）列也可以看出双政策在1%的水平下通过降低能源消费规模显著促进城市碳减排。

表 6-10　机制分析：能源消费降低

变量	(1)	(2)	(3)	(4)
	lnenergy	*lnenergy*	$LnCO_2$	$LnCO_2$
treatment×carbon×disclosure	-0. 2352**	-0. 3980***		
	(0. 1055)	(0. 1336)		
carbon×disclosure×lnenergy			-0. 0291***	-0. 0320***
			(0. 0099)	(0. 0092)
lnpgdp	0. 2865***		0. 4182***	
	(0. 0843)		(0. 1435)	
lnpopden	-0. 0890		0. 5326**	
	(0. 1999)		(0. 2454)	
govregulation	-0. 2816***		-0. 2155**	
	(0. 0640)		(0. 1025)	
lnfdi	0. 0384		0. 0187	
	(0. 0480)		(0. 0298)	
industry	0. 0336		0. 0241	
	(0. 0366)		(0. 0305)	
lninternet	0. 0952**		-0. 0116	
	(0. 0399)		(0. 0354)	
lnwage	0. 5275***		0. 0156	
	(0. 1281)		(0. 1551)	
Observations	3948	3948	3948	3948
R^2	0. 9087	0. 8927	0. 4553	0. 4317
Number of id	282	282	282	282
Province Year FE	YES	YES	YES	YES
Year FE	YES	YES	YES	YES
City FE	YES	YES	YES	YES

注：***、**、*分别表示1%、5%、10%的显著性水平，括号内的数值表示回归系数所对应的标准误差。

四、本章小结

本章采用双重差分模型考察了碳排放权交易与环境信息公开评价政策的协同效应，运用多期双重差分法识别双试点设立前后试点与非试点地区碳排放的差异。实证结果表明，碳排放权交易与环境信息公开评价政策协同下能够显著促进碳减排，且相比单政策促进区域碳减排效果更强。经济发达程度、人口密度与碳排放显著正相关，而政府财政支出则呈现负相关，且双政策协同下，该变量的系数低于单政策，说明政府加大财政投入有利于降低碳排放，实证结果通过了平行趋势检验和稳健性检验，剔除同期其他政策和城市行政等级干扰后，结果依然显著。

通过异质性分析发现，双政策协同的碳减排效应仅在东部和中部地区显著，原因是东部和中部地区经济相对发达，市场化程度、基础设施发达程度、公众受教育程度较高，市场化激励效果、公众资源减排意愿更强。此外，东部和中部地区本身碳排放量较大，双政策下碳减排面临的压力更大，减碳效果也更显著。另外，由于工业是碳排放主体，能源需求量大，因此双政策协同在第二产业主导的城市碳减排影响显著。

进一步从产业结构升级、绿色技术创新和能源消费降低三个角度考察双政策协同减排的传导机制。实证结果不支持碳排放权交易与环境信息公开评价政策协同下产业结构优化升级促进碳减排的路径，而通过绿色技术创新和能源消费降低来促进碳减排的效果显著。

第七章

低碳城市试点与环境信息公开评价政策的协同减排效应

一、基准回归与稳健性检验

（一）模型构建

采用多时点双重差分法研究我国低碳城市和环境信息公开对城市碳减排的协同效应。相应的多期双重差分模型如下：

$$LnCO_{2it}=\beta_0+\beta_1 treatment_i\times post_{it}+\beta_2 treatment_i\times post_{it}\times post_{jt}+\beta_3 Control_{it}+\eta_i+\gamma_t+\varepsilon_{it} \tag{7-1}$$

式中，i 表示城市，t 表示年份。$LnCO_{2it}$ 是被解释变量，即地区碳排放总量的对数值，用以衡量城市当年的碳排放水平。表达式 $treatment_i\times post_{it}\times post_{jt}$ 为核心解释变量，$treatment_i$ 表示城市是否为处理组，其值为 1 时表示城市政策属于政策双试点城市名单范畴内。$post_{it}$ 和 $post_{jt}$ 表示政策实施时间，$post_{it}=1$ 时表示处于低碳城市政策的试点阶段，$post_{it}=0$ 则代指低碳城市政策尚未开展，同理，$post_{jt}$ 衡量是否处于环境信息公开政策的实施阶段。$Control_{it}$ 表示影响碳排放水平且随个体和时间变动的控制变量；η_i 表示城市个体固定效应，控制了影响碳排放但不随时间变动的个体因素；γ_t 表示时间效应，控制了随时间变化影响所有地区的时间因素；ε_{it} 为误差项。β_2 为核心解释变量 $treatmen_{ti} \times post_{it} \times post_{jt}$ 与被解释变量 $LnCO_{2it}$ 的回归系数，它反映了低碳城市与环境信息披露双试点对试点地区碳排放产生的影响。若系数 β_2 显著为负，则意味着处于政策双试点的城市其碳排放总量得到有效的抑制，证明了双试点对于碳减排存在正向的促进作用。系数 β_1 反映单政策的实施效果，系数 β_2 反映双政策的实施效果。

（二）变量选取与数据来源

1. 被解释变量

被解释变量（$LnCO_2$）以城市碳排放量的对数值来衡量，数据来源于历年《中国城市统计年鉴》《中国城市建设统计年鉴》。

2. 核心解释变量

核心解释变量（$treatment_i \times post_{it} \times post_{jt}$）为是否同时为低碳城市和环境信息公开试点城市。根据低碳城市试点以及环境信息公开评价试点情况赋值，处于政策双试点覆盖的城市 $treatment_i \times post_{it} \times post_{jt}$ 取值为 1，反之取值为 0。其中，低碳城市试点城市分为三批，实施时间分别为 2010 年、2012 年和 2017 年；环境信息公开评价实施标准则以公布的城市污染源监管信息公开指数（PITI）的初始年份 2008 年为划定依据。此外，处于单个政策试点范围及试点时间段内的城市双重差分值（PDID、CDID）取值为 1，非试点城市则取值为 0，以此进行政策单试点碳减排效应的比较分析。

3. 控制变量

与前文控制变量的选取一致。

（三）基准模型回归分析

表 7-1 的前两列分析了环境信息公开政策单试点的碳减排效应，后两列为政策双试点城市碳减排效应。在控制了时间效应和城市个体效应的前

提下，第（1）列为未加入控制变量的回归结果，第（2）列为加入控制变量的回归结果。前两列的主回归系数分别在1%和10%的置信水平下显著为负。第（2）列中环境信息公开单试点对地区碳排放量的系数为-0.0831，据此可得该政策的实行对试点地区实现了预期的减排降碳效应。后两列则反映了低碳城市和环境信息披露双试点的回归结果，第（3）列未加入控制变量，第（4）列加入了控制变量，其系数均显著为负。对比第（4）列与第（2）列主回归系数绝对值的大小，双试点政策的减排效果优于环境信息公开政策的减排效应，这说明单试点城市所带来的碳减排效应相对较弱，而低碳城市和环境信息公开评价政策的协同进行对碳减排的促进作用更为显著，双政策协同减排的效应比单政策减排效应提升了89.3%。

表7-1　基准回归结果：低碳城市试点与环境信息公开评价政策的协同减排效应

变量	(1)	(2)	(3)	(4)
	$LnCO_2$	$LnCO_2$	$LnCO_2$	$LnCO_2$
$treatment \times post_i$	-0.1619***	-0.0831*		
	(0.0434)	(0.0495)		
$treatment \times post_i \times post_j$			-0.115***	-0.1573**
			(0.0393)	(0.0439)
lnpopden		0.4113		0.564**
		(0.2494)		(0.229)
lnpgdp		0.4313***		0.185**
		(0.1433)		(0.0930)
govregulation		-0.1748		-0.115
		(0.1061)		(0.0900)
lnfdi		0.0287		0.0151
		(0.0348)		(0.0878)
industry		0.0254		-0.00159
		(0.0313)		(0.0485)
lnwage		0.0667		0.0369
		(0.1580)		(0.125)

续表

变量	(1)	(2)	(3)	(4)
	$LnCO_2$	$LnCO_2$	$LnCO_2$	$LnCO_2$
lninternet		-0.0058 (0.0357)		0.0227 (0.0387)
Constant	5.5707*** (0.0189)	-1.3921 (2.2859)	5.584*** (0.0189)	0.228 (1.662)
City	YES	YES	YES	YES
Year	YES	YES	YES	YES
Observations	3948	3948	3948	3948
R^2	0.346	0.368	0.349	0.365
Number of city	282	282	282	282

注：面板回归中采用城市层面的聚类标准误差，括号内的数值为标准误差，***、**、*分别表示1%、5%、10%的显著性水平。

（四）稳健性检验

1. 平行趋势检验

采用事件分析法，对双重差分法的前提条件——平行趋势假设进行验证，并进一步分析双试点政策动态效应。以双试点城市启动年份的前4年为基准。具体地，根据两大政策实施时间分别划定2010年、2012年和2017年为基准年，以此构建双试点城市建设之前4年、启动年份、启动之后6年的年份虚拟变量与对应政策虚拟变量的交乘项进行回归，同时删去政策实施基准年前一年的数据样本以防止多重共线性问题。

图7-1的回归结果显示，碳排放量的回归系数前四年均在0值附近，表明在双试点基准年之前试点城市和非试点城市不存在显著差异，满足平行趋势假定。从平行趋势检验的动态效应看，回归系数在基准年之后呈现不断下降并远离0值，说明政策双试点对地区碳排放总量的影响显著为负，同时随着政策实施时间的推移其碳减排效应呈现逐渐加强的趋势。

2. 倾向得分匹配双重差分法（PSM-DID）

双重差分回归对回归样本的潜在要求是政策实施的随机性，低碳城市和环境信息公开政策对试点城市的选择可以看作一个准自然实验，但基准

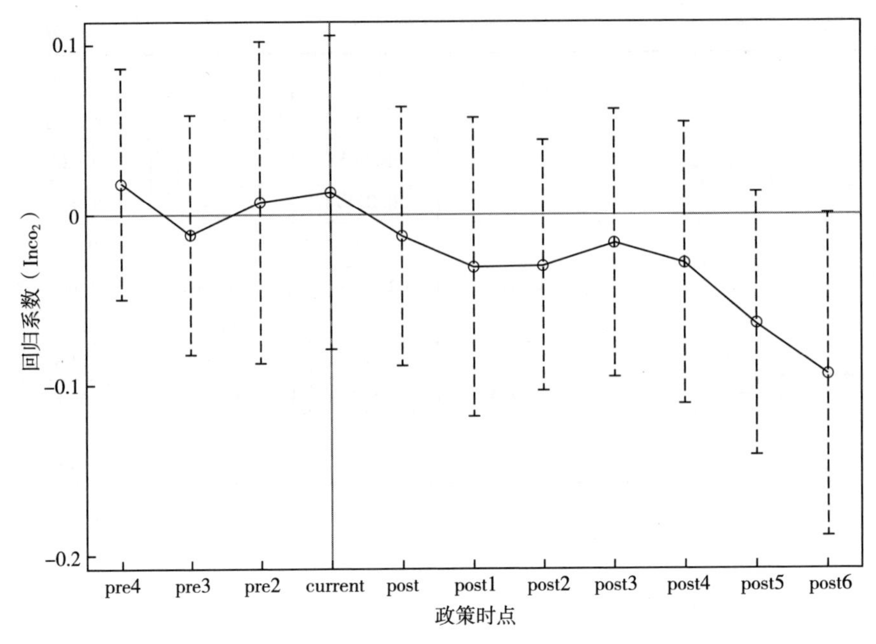

图 7-1　平行趋势检验：低碳城市试点与环境信息公开评价政策的协同减排效应

回归中城市样本涵盖全国范围内的 282 个地级市，地区间经济结构、资源环境等方面存在明显的个体差异。因此，利用倾向得分匹配法（PSM）以控制变量为样本点的识别特征，以经济波动幅度（以地区生产总值的增长率来表示）、经济发展水平（以人均地区生产总值的对数表示）、人口密度（以年末总人口数与城市面积比值的对数来度量）、对外开放程度（以货物进出口总额与地区生产总值的比值表示）、政府环保投入（用地区财政环境保护支出占财政一般预算支出的比例来表示）、城镇化水平（以非农业人口占总城市人口的比重表示）、投资规模（以固定资产投资总额占地区生产总值的比重衡量）、产业结构（以第二产业产值增加值占地区生产总值增加值的比重度量）这 8 个影响因素作为近邻匹配的协变量，对实验组和控制组的城市进行匹配，以缓解政策试点城市的非随机选择因素。随后对匹配后的结果进一步使用差分法进行回归，PSM-DID 模型回归结果如表 7-2 中的第（1）列所示，政策双试点在 5%的显著水平上降低了地区碳排放量，表明本书所得结论的稳健性得到进一步验证。

表 7-2　稳健性检验：低碳城市试点与环境信息公开评价政策的协同减排效应

变量	(1)	(2)	(3)	(4)
	$LnCO_2$	CO_2gdp	$LnCO_2$	$LnCO_2$
DID	-0.112**	-0.109**	-0.126**	-0.107*
	(0.0500)	(0.0428)	(0.0630)	(0.0573)
Constant	0.270	11.10***	-1.483	1.319
	(1.848)	(1.882)	(2.253)	(1.771)
Control	YES	YES	YES	YES
City	YES	YES	YES	YES
Year	YES	YES	YES	YES
province#year	NO	NO	YES	NO
Observations	3365	3948	3948	3528
R^2	0.365	0.459	0.452	0.364
Number of city	276	282	282	252

注：***、**、*分别表示1%、5%、10%的显著性水平，括号内的数值表示回归系数所对应的标准误差。

3. 替换被解释变量

基准回归模型中的被解释变量为城市二氧化碳排放总量，第（2）列引入碳排放强度（CO_2gdp）作为稳健性检验的被解释变量，更直观地反映出政策双试点对地区绿色可持续发展的协同效应。结果如表 7-2 中的第（2）列所示，回归系数为-0.109，表明低碳城市与信息公开双同步在5%的显著水平下能够降低试点城市的碳排放强度。

4. 控制交互效应

表 7-2 中的第（3）列在控制了城市个体效应和时间效应的基础上，加入对地区和时间交互效应的控制，以剔除不同地区随时间变化的影响因子。结果显示，主回归系数为-0.126，表明在控制了随时间变化的区域影响因素后政策双试点仍在5%的显著水平下能推动城市碳减排进程。

5. 剔除特殊样本的影响

北京、天津、上海、重庆4个直辖市的经济体量、环保要求严格程度等都居于全国前列，将这4个城市从碳交易试点城市中剔除出去，此外再删去其他省会城市，以排除特殊样本的影响，再次进行基准回归。表7-2中的第（4）列结果依旧显著，且回归系数符号并未发生变化，这验证了基准回归结果的稳健性。

二、异质性分析与机制检验

（一）异质性分析

1. 地理区位差异

我国三大经济地区在产业结构、地理位置、气候资源等方面存在着差异，由此使得政策实施效果呈现出地区层面的动态变化特征，因此在表7-3中将城市样本按经济地理结构划分为东、中、西部三个回归组。东部地区开发历史悠久、技术力量较强、工农业基础雄厚，中部地区能源矿产资源储藏丰富、重工业基础好，因此在面临低碳城市和环境信息公开的政策压力时生产企业更倾向于通过生产技术提升路径来降低碳排放量，表7-3中第（1）和第（2）列也显示出东、中部地区受双政策试点的影响效应更为显著；西部地区经济发展和技术管理水平与东中部城市差距较大，工业基础相比较而言偏薄弱，因而对政策的反应不显著。

表7-3　地理区位异质性

变量	(1)	(2)	(3)
	$LnCO_2$	$LnCO_2$	$LnCO_2$
DID	-0.0658*	-0.177*	-0.120
	(0.0564)	(0.105)	(0.0905)

续表

变量	(1)	(2)	(3)
	$LnCO_2$	$LnCO_2$	$LnCO_2$
lnpopden	0.488*	0.221	0.723
	(0.284)	(0.352)	(0.471)
lnpgdp	0.214	0.0470	0.539**
	(0.139)	(0.121)	(0.252)
govregulation	-0.120	-0.333**	-0.222**
	(0.111)	(0.148)	(0.106)
fdi	0.0394	-0.118	-0.288
	(0.0416)	(0.182)	(0.174)
industry	0.0174	-0.00796	-0.00821
	(0.0426)	(0.0717)	(0.0492)
lnwage	0.177	0.115	-0.583*
	(0.182)	(0.139)	(0.326)
lninternet	0.0648	-0.0172	0.0145
	(0.0443)	(0.0807)	(0.0849)
Constant	-0.935	2.896	2.241
	(2.529)	(2.617)	(3.596)
City	YES	YES	YES
Year	YES	YES	YES
Observations	1666	1120	1162
R^2	0.459	0.426	0.326
Number of city	119	80	83

注：***、**、*分别表示1%、5%、10%的显著性水平，括号内的数值表示回归系数所对应的标准误差。

2. 资源禀赋差异

城市碳排放水平和能源使用率息息相关，能源使用率越高，意味着在其他条件不变的情况下碳排放量越大，能源利用效率又在其中发挥着重要调节作用。能源作为重要的战略资源，其利用效率不仅受制于技术水平，而且受到资源禀赋状况的影响。2013 年，根据资源丰裕度，我国确定了 262 个资源型城市、县级市或市辖区，又将资源型城市划分为成长型、成熟型、衰退型和再生型四类资源型城市，接下来的异质性分析中将282个城市样本按资源禀赋划分为五个回归样本组以比较分析资源禀赋对政策碳减排效应的影响。表7-4中前四列分别为资源成长型城市、资源成熟型城市、资源衰退型城市、资源再生型城市对于模型（7-1）的基准回归结果，第（5）列为非资源型城市样本的回归结果。衰退型城市、再生型城市和非资源型城市的政策净效应更为显著，而成长型和成熟型城市的回归系数不显著。对此，可能的解释是成长型和成熟型城市对资源的依赖度相对更高，工业企业获取资源的成本相对较低，双政策带来的政策压力能够通过低成本生产资源来弥补，因而对降碳减排的积极性较弱，削弱了政策的碳减排效应。

表7-4　资源禀赋异质性

变量	(1)	(2)	(3)	(4)	(5)
	$LnCO_2$	$LnCO_2$	$LnCO_2$	$LnCO_2$	$LnCO_2$
DID	-0.279	0.0621	-0.245***	-0.0260*	-0.123**
	(0.235)	(0.107)	(0.0532)	(0.223)	(0.0529)
lnpopden	0.00369	1.260*	-0.454	-0.349	0.154
	(2.286)	(0.636)	(0.266)	(0.612)	(0.282)
lnpgdp	0.453	0.195	0.141	0.0457	0.0287
	(0.671)	(0.206)	(0.114)	(0.229)	(0.170)
govregulation	0.121	-0.427*	0.0593	-0.0738	-0.168**
	(0.186)	(0.237)	(0.141)	(0.153)	(0.0810)
lnfdi	0.484	0.0880	-0.205	1.329	-0.00507
	(6.051)	(0.196)	(0.233)	(1.194)	(0.0264)
industry	-0.558*	0.0239	0.0116	0.0760	0.00865
	(0.299)	(0.0215)	(0.0446)	(0.0450)	(0.0770)
lnwage	-0.290	-0.120	0.00693	0.0889	-0.160
	(0.814)	(0.302)	(0.148)	(0.583)	(0.175)
lninternet	0.128	-0.0888	-0.0965	0.273*	0.0295
	(0.324)	(0.111)	(0.0727)	(0.137)	(0.0293)

续表

变量	(1)	(2)	(3)	(4)	(5)
	$LnCO_2$	$LnCO_2$	$LnCO_2$	$LnCO_2$	$LnCO_2$
Constant	2.785	-1.402	7.151**	5.243	6.088**
	(13.74)	(3.400)	(2.670)	(6.321)	(2.842)
City	YES	YES	YES	YES	YES
Year	YES	YES	YES	YES	YES
Observations	196	854	322	196	2380
R^2	0.488	0.312	0.322	0.380	0.437

注：***、**、*分别表示1%、5%、10%的显著性水平，括号内的数值表示回归系数所对应的标准误差。

（二）机制检验

前文的多期双重差分基准回归结果对低碳城市和环境信息公开评价两大政策的协同减排效应进行了验证，同时一系列稳健性检验也进一步证实了政策双试点实现的减碳政策效应。在这部分碳减排政策效应的实现路径分析中，将引入三大机制对双政策减排效应的实现展开更深入的探讨。机制检验的模型设置借鉴史丹和李少林（2020）[159]的做法，利用调节效应将机制变量引入回归分析中探讨其作用路径，具体模型如下：

$$LnCO_{2it}=\beta_0+\beta_1 DID_{it}+\beta_2 DID_{it}\times Mechanism_{it}+\beta_3 Mechanism_{it}+\beta_4 Control_{it}+\eta_i+\gamma_t+\varepsilon_{it} \quad (7-2)$$

式中，$Mechanism_{it}$ 为机制检验变量，包括政府环境规制强度、能源消费结构、绿色技术创新水平。其中，政府环境规制强度反映当地政府的环境治理执行度，以污染治理投资完成额占第二产业产值的比重来测算，而由于环保污染投资完成额目前只公开到省级层面，因此将其乘以地区生产总值占比来反映地级市的环境规制强度；能源消费结构主要关注化石煤炭等一次性能源的消费量，以地区煤炭消费总量与规模以上工业企业数量比值的对数值来度量；绿色技术创新水平以地区绿色专利申请数的对数值来衡量。该回归模型中主要关注 $DID_{it}\times Mechanism_{it}$ 的系数 β_2，其显著性和符号显示出机制变量的作用路径。

1. 环境规制强度提升效应

中央规划的环境政策下达至地方政府时通常在执行层面会存在一定程度上的削弱，原因主要在于对地方政府进行经济绩效发展考核时，地区生产总值的增长往往被视为第一要义，因此地方政府会将更多的注意力放在经济发展速度之上，政府部门进行环境监管的竞争激励不足[160]。同时，环境治理信息在中央、地方与企业之间固有的信息不对称性也给中央对地方环保工作的督察增加了治理难度。低碳城市与环境信息公开评价政策的实施，在循环经济的发展角度上起到了良好的宣传作用，也为环保督察提供了信息公开与传播的媒介，有利于推动地方政府在环境保护与治理上履行相应的职责，从而逐渐形成上下一体、协同治理的中央—地方环境治理体系，实现绿色循环低碳可持续发展。表 7-5 的回归结果很好地证实了这一点，第（1）、第（2）列中环境规制强度和双重差分变量的交互项对碳排放量的回归系数均至少在 5%的水平下显著为负，表明政策双试点能通过提高地方政府环境治理执行力、增强环境规制力度实现地区碳减排政策效应。

表 7-5　环境规制和能源结构调整效应

变量	(1)	(2)	(3)	(4)
	$LnCO_2$	$LnCO_2$	$LnCO_2$	$LnCO_2$
DID_ers	-0.0058***	-0.0046**		
	(0.00207)	(0.00230)		
ers	0.0779***	0.0679***		
	(0.0221)	(0.0212)		
DID_energystructure			-0.0272***	-0.0159**
			(0.00682)	(0.00620)
energystructure			0.553***	0.602***
			(0.0421)	(0.0395)
Constant	4.265***	0.500	3.175***	-3.559**
	(0.370)	(1.664)	(0.186)	(1.624)

续表

变量	(1)	(2)	(3)	(4)
	$LnCO_2$	$LnCO_2$	$LnCO_2$	$LnCO_2$
Control	NO	YES	NO	YES
City	YES	YES	YES	YES
Year	YES	YES	YES	YES
Observations	3948	3948	3948	3948
R^2	0. 354	0. 374	0. 672	0. 735
Number of city	282	282	282	282

注：***、**、*分别表示1%、5%、10%的显著性水平，括号内的数值表示回归系数所对应的标准误差。

2. 能源结构调整效应

化石煤炭一次性能源资源在工业生产中的使用是城市空气污染的主要来源，能源结构的调整升级是从生产前端上对污染的防控策略。低碳城市从宏观上推动经济发展方式的调整，实现动力转型和经济结构升级，其对清洁生产的要求以及对能源使用的调节和限制能够减少对资源的过度损耗，降低对生态环境的不利影响。环境信息公开评价作为一种非正式性环境规制政策，通过对城市和企业环境污染治理相关信息的综合评价与公开，方便中央对地方环境治理的监管，也通过公众消费与投资渠道间接影响排污企业能源资源选择与生产决策，助力清洁生产和循环经济的实现。从表7-5中第（3）、第（4）列的回归结果可以看出，双政策可以通过煤炭消耗量的降低、能源消费结构的调整来实现地区碳减排协同效应。

3. 绿色技术创新效应

波特假说指出，合理的环境规制能够激励企业进行技术创新，利用技术创新带来的生产效率的提高、能源利用效率提升和企业利润的增加来弥补环境规制带来的企业排污治理成本，实现经济绩效与环境绩效的统一。表7-6中第（1）至第（3）列分别为绿色发明专利申请量、绿色实用新型专利申请量、绿色专利申请总量对地区碳排放的调节效应分析，主要关注 *DID_lngcpatent*、*DID_lngupatent*、*DID_lngpatent* 与 $LnCO_2$ 的回归系数。

从表中可以看到，三者的回归系数分别为-0.0141、-0.0149、-0.0130，且显著性水平均为5%，表明绿色技术创新水平的提升显著降低了地区碳排放量，与波特假说理论相符，即低碳城市与环境信息公开评价的双试点可以通过提高地区绿色创新水平来实现政策的预期碳减排效应。

表 7-6　绿色技术创新效应

变量	(1)	(2)	(3)
	$LnCO_2$	$LnCO_2$	$LnCO_2$
DID_lngcpatent	-0.0141 ** (0.00712)		
lngcpatent	0.0231 (0.0172)		
DID_lngupatent		-0.0149 ** (0.00726)	
lngupatent		0.0511 ** (0.0230)	
DID_lngpatent			-0.0130 ** (0.00640)
lngpatent			0.0487 * (0.0257)
Constant	1.512 (1.604)	1.766 (1.597)	1.699 (1.588)
Control	YES	YES	YES
City	YES	YES	YES
Year	YES	YES	YES
Observations	3948	3948	3948
R^2	0.369	0.372	0.371
Number of city	282	282	282

注：***、**、*分别表示1%、5%、10%的显著性水平，括号内的数值表示回归系数所对应的标准误差。

三、本章小结

本章采用多时点双重差分模型考察了低碳城市试点与环境信息公开评价政策的协同效应。实证结果表明，低碳城市试点和环境信息公开政策协同作用下碳减排效果相比单政策更为显著，且随着政策实施时间的推移，其减排效应逐渐加强，结果通过了平行趋势和倾向得分匹配法检验。

异质性分析发现，东部和中部地区受双政策影响效果更为显著，而西部地区工业基础相对薄弱，双政策影响较弱；双政策协同对衰退型城市、再生型城市和非资源型城市的影响较为显著，而成长型和成熟型城市可能由于能源供给、产业配套齐全，政策协同影响能够通过低成本生产资源弥补，因此影响不显著。进一步开展机制检验，发现低碳城市试点与环境信息公开评价协同能够通过提高政府环境治理执行力、增强环境规制强度、优化能源消费结构、提升技术创新水平促进碳减排。

第八章

主要结论、对策建议和研究展望

一、主要结论

在我国提出碳达峰碳中和“3060”两阶段目标的背景下，如何降低二氧化碳排放成为学术界高度关注的热点问题。二氧化碳排放作为一种公共产品，其治理离不开政府、市场和公众的参与。环境规制作为排放治理的有效手段，在我国应对气候变化，推进碳达峰行动，迈向碳中和的进程中起着举足轻重的作用。在此背景下，本书立足气候治理的环境规制工具，基于省级面板数据和地级市数据，运用门槛分析和双重差分分析方法，针对环境规制工具在区域间和区域内两个维度上协同促进碳减排的机理与效应开展研究。首先，梳理环境规制协同的内涵与机理，对区域间和区域内环境规制协同程度进行测评，为后文实证分析提供数据基础。其次，进行理论推导，分析环境规制对企业决策、区域碳减排的影响路径，进一步推导环境规制协同对区域碳减排总量、强度和成本的影响。再次，使用门槛分析模型实证考察环境规制及其协同对碳减排的门槛效应。又次，使用双重差分模型实证分析碳排放权交易试点、低碳城市试点和环境信息公开评价三种环境规制政策之间的协同对碳减排的影响效应和作用机制。最后，提出优化环境规制政策，加强环境规制协同，促进区域碳减排的政策建议，为加快推进绿色低碳发展提供新的思路。主要结论如下：

第一，根据区域产业关联性、气象关联性、地理关联性、污染空间分布、污染源空间分布，将国内 30 个省域划分为 7 个适宜环境规制协同的联合区域。从环境治理力度、污染物排放强度、污染物排放成本三个维度选取指标构建区域间环境规制协同度评价指标体系，并利用耦合协调度模型测评区域间环境规制协同度。测评结果显示，环境规制投入协同和污染治理成本协同呈现波动变化，污染排放协同除京津冀、长三角外均呈总体上升趋势。具体来说，环境治理投入视角下，我国环境协同治理并没有取得明显的改善，京津冀联合区域的环境治理协同度最低，中原、东北、东南区域协同度较高；控制污染排放视角下，京津冀和长三角环境规制协同度较低，其他区域环境规制协同度总体呈上升趋势；污染治理成本视角下，七大区域协同治理维持在较低水平。区域内的环境规制协同定义为命令控制型、市场激励型、公众参与型三类环境规制的协同，测度区域内环境规制协同程度发现，各区域环境规制协同度不高，仍然需要依靠行政命令型环境规制发挥主导作用。

第二，通过将碳排放作为生产要素，建立考虑环境成本的生产函数模型来分析环境规制对企业决策的影响和对区域碳排放的影响。研究结果显示，环境规制越强，企业碳排放指数越低。对于高技术企业来说，环境规制的加强倾向于使其加强技术创新来应对环境成本的提高；而对于低技术企业来说，环境规制加强倾向于使其迁移到环境规制更低的地区即产业转移来应对环境成本的提升。环境规制协同度较高时，企业在环境规制加强时更倾向于加强技术创新。环境规制强度提升将加快高技术企业创新和低技术企业淘汰进程。而从提高社会福利角度来说，环境规制协同程度提升会导致社会平均碳强度下降，并且伴随总产出增长，有助于提高高技术企业占比，促进产业结构优化。

第三，通过构建门槛模型实证分析环境规制及其协同对碳减排的影响效应。结果发现：环境规制对碳减排的促进作用具有非线性关系，当经济发展水平较低时，由于人们对于环境的要求低，环境保护意识差，环境规制的作用受到限制，随着经济发展水平的提高，环境规制的作用逐渐增强；污染排放和治理成本视角下的区域间环境规制协同能够促进碳减排，但环境治理投入视角下的规制协同对促进碳减排的影响不显著；环境规制对碳减排的影响在不同经济发展水平下效果不同，随着人力资本上升呈现先降后升的态势；在经济发展和技术创新的不同阶段，区域内的环境规制协同对碳排放的影响也存在异质性。

第四，通过构建双重差分模型，分析碳排放权交易与低碳城市试点及碳排放权交易与环境信息公开评价、低碳城市试点与环境信息公开评价两类政策协同对碳减排的效应。结果发现：总体来看，双政策协同相比单政策均能更好地促进碳减排，但结果呈现一定异质性；对于碳排放权交易与低碳城市试点的协同，其在非东部城市、经济不发达城市和资源禀赋较高的城市作用更明显，主要通过优化产业结构、提高技术创新水平和增加低碳运输网络来促进碳减排；对于碳排放权交易与环境信息公开评价政策的协同，其对碳减排的影响仅在东部和中部地区显著，在西部地区效果不明显，且主要通过绿色技术创新和能源消费降低来促进碳减排，产业结构优化效应不明显；对于低碳城市试点与环境信息公开评价政策的协同，东部和中部地区相比西部地区效果更为显著，主要通过提高政府环境治理执行力、增强环境规制强度、优化能源消费结构、提升技术创新水平促进碳减排。

二、对策建议

基于以上研究结论，结合我国碳达峰碳中和战略部署和重点任务，为了更加有效地推进我国区域间和区域内的环境规制协同，发挥环境规制协同促进区域碳减排的叠加效应，提出如下建议：

（一）引导各地科学搭配碳减排规制工具

结合各地区所在区位和资源禀赋，进一步创新低碳发展举措。东部地区和中部地区扩大低碳城市试点、环境信息公开评价、碳排放权交易政策，进一步扩大低碳城市试点，鼓励各省出台省级低碳城市试点支持政策，加强绿色低碳出行、清洁能源替代、交通运输网络等；在对接全国统一碳排放权交易市场的基础上，已有碳交易试点的省市可加快发展区域碳市场，做大自愿减排交易规模；全面落实环境信息公开评价，将化石能源消耗和碳排放量纳入企业环境信息公开范围。西部地区优先做好低碳城市试点建设，风、光资源优势明显的城市可大力发展风电、光电等清洁能源，做好国家核证自愿减排（CCER）交易准备，努力将风、光资源优势转化为绿色低碳发展优势，实现在发展中减排。

（二）分类优化各种类型碳减排规制政策

按照地理区位邻近、发展程度接近、产业结构相近的原则科学划分碳排放协同管控区域，努力做到区域内各地环境规制强度基本平衡、环境规制政策没有漏点。结合发展实际，在保持区域间平衡的前提下，鼓励各地区做好命令控制型、市场激励型、公众参与型环境规制政策的创新和组合，在探索各具特色、各有重点的环境规制政策组合的同时，实现各区域环境规制强度的协同提升。对于命令型控制环境规制，各地应严控“高污染、高排放”项目盲目发展，除低碳城市试点外，可在传统化石能源依赖较强、重工业占比较高的地区探索开展碳排放核查、碳排放督查，稳妥推进淘汰高碳排、低效能企业，对有机会通过低碳技术升级减排的企业给予一定支持。对于市场激励型环境规制，碳交易试点地区应加快推进碳金融产品创新，鼓励金融机构开发“碳贷款”“碳债券”等绿色金融产品，非试点地区可积极推进碳普惠创新，拓宽居民低碳生活方式变现渠道。对于公众参与型环境规制，应进一步加强绿色低碳科普宣传，全面增强公众绿色低碳意识，同时积极举办绿色低碳主题活动，让公众能够参与碳减排治理中，发挥监督作用和推动作用。

（三）加快推进全国统一碳排放市场建设

持续完善以上海为中心的全国碳排放权交易市场的制度体系、基础设施、数据管理和能力建设，依托碳市场机制倒逼高碳排放产能退出市场。在发电、石化、化工、建材、钢铁、有色、造纸和民航八大行业基础上，不断扩大交易市场覆盖行业领域和企业范围。进一步规范交易规则，完善碳排放配额分配方式方法，拓展碳市场交易品种，发展碳期货、碳期权等碳金融衍生产品，完善碳期货合约设计。尽快恢复 CCER 以及一级市场交易机制，打造以北京绿色交易所为核心的 CCER 线上交易平台。

（四）统筹优化产业绿色低碳化促进政策

有序、梯度推进产业结构深度调整，鼓励发达地区制定产业绿色低碳发展政策，鼓励中部、西部地区积极承接发达地区产业转移，推动部分行业在产业转移中完成低碳技术升级。加大绿色低碳技术研发投入，重点聚焦可再生能源制备储运、零碳负碳产业流程重塑等领域，整合优势研究力量，加强关键核心技术研发攻关，加大技术研发资金支持，大力推动绿色低碳技术转化，让低碳技术能够以较低成本在各行业得到广泛应用。

（五）扩大绿色低碳基础设施建设投入规模

以现代化基础设施体系建设为依托，加快完善国内油气、电力、水运、网络等能源、交通和新型基础设施网络骨架和大动脉。大力推进风电、光伏、水电、生物质能源等清洁能源发电设施建设，重点在中部和西部清洁能源资源富集地区加大项目建设力度。

三、研究展望

本书针对环境规制协同促进碳减排的机理与效应进行了研究，得出一定结论，但未来仍有一定的改进和提升空间。

（一）理论模型存在延伸空间

本书尽管构建了考虑环境成本的生产函数，并通过理论推导分析了环境规制及其协同促进碳减排的机理，但理论模型以静态分析为主，主要从宏观层面和企业层面开展推导。而从环境规制协同的作用对象看，面对碳减排目标时，政府、企业和公众存在三方动态博弈关系，环境规制政策下不同主体的策略选择，也是环境规制协同程度，以及环境规制协同促进碳减排的重要影响因素。在后续的研究中，可进一步拓展理论推导维度。

（二）指标选取存在优化空间

受限于数据可得性，本书在环境规制强度及协同度测评中主要使用了污染治理投资、排放量和排放口数量指标，对于命令控制型、市场激励型、公众参与型环境规制的协同主要选取了低碳试点城市、碳排放交易试点和环境信息公开评价，虽然指标选择有一定代表性，但仍然不够丰富全面。而行业层面的碳减排影响主要使用的三次产业结构数据，行业细分度不够。在后续的研究中可进一步丰富数据的维度，如年度重点项目投资中绿色低碳发展项目比重、高新技术产业占比、重点行业占比等。

（三）实证分析存在提升空间

技术创新、产业升级往往存在空间溢出，可能对周边区域的碳减排存在影响效应。而本书对于环境规制、碳排放的空间关联分析，以及在环境规制协同作用下各区域碳排放的时空特征分析不够。在后续的研究中可进一步通过空间计量模型，分析环境规制协同下的区域碳排放溢出效应，为优化区域间环境规制协同策略提供支撑。

（四）研究视角存在拓展空间

本书主要从生产和供给视角出发构建了理论框架，并开展相关实证分析检验。但从碳排放本身而言，其排放的影响机理既可以从生产和供给来研究，也可以从消费与需求的视角来研究。国际通行的碳排放核算方法也存在生产和消费两条路线。因此，在后续的研究中可进一步从消费与需求角度切入，探讨相关政策通过消费与需求传导，从而降低碳排放的机理与影响效应。

参考文献

［1］张小筠，刘戒骄．新中国 70 年环境规制政策变迁与取向观察［J］．改革，2019（10）：16-25.

［2］周鹏飞，沈洋．环境规制、绿色技术创新与工业绿色发展［J］．河北大学学报（哲学社会科学版），2022，47（4）：100-113.

［3］Bleicher S A. Overview of international environmental regulation［J］. Ecology Law Quarterly，1972（2）：1.

［4］赵玉民，朱方明，贺立龙．环境规制的界定、分类与演进研究［J］．中国人口·资源与环境，2009，19（6）：85-90.

［5］Pargal S，Wheeler D. Informal regulation of industrial pollution in developing countries：Evidence from Indonesia［J］. Journal of Political Economy，1996，104（6）：1314-1327.

［6］张鹏鹏．环境规制对污染密集型产业转移的影响［D］．武汉大学，2017.

［7］余东华，胡亚男．环境规制趋紧阻碍中国制造业创新能力提升吗？——基于“波特假说”的再检验［J］．产业经济研究，2016（2）：11-20.

［8］强永昌．环境规制与比较竞争优势［J］．世界经济文汇，2001（1）：25-28.

［9］Bowen F，Tang S，Panagiotopoulos P. A classification of information-based environmental regulation：Voluntariness，compliance and beyond［J］.

Science of the Total Environment，2020（712）：135571.

[10] 郭进．环境规制对绿色技术创新的影响——“波特效应”的中国证据［J］．财贸经济，2019，40（3）：147-160.

[11] Yu X，Wang P. Economic effects analysis of environmental regulation policy in the process of industrial structure upgrading：Evidence from Chinese provincial panel data［J］．Science of the Total Environment，2021（753）：142004.

[12] Pan X，Ai B，Li C，et al. Dynamic relationship among environmental regulation，technological innovation and energy efficiency based on large scale provincial panel data in China［J］．Technological Forecasting and Social Change，2019（144）：428-435.

[13] 高宝，傅泽强．产业环境准入框架构建及案例研究——以常州市为例［J］．环境工程技术学报，2017，7（4）：525-532.

[14] 彭星，李斌．不同类型环境规制下中国工业绿色转型问题研究［J］．财经研究，2016，42（7）：134-144.

[15] Walter I，Ugelow J L. Environmental policies in developing countries［J］．Ambio，1979，8（3）：102-109.

[16] Dasgupta S，Mody A，Roy S，et al. Environmental regulation and development：A cross-country empirical analysis［J］．Oxford Development Studies，2001，29（2）：173-187.

[17] Bitat A. Environmental regulation and eco-innovation：The Porter hypothesis refined［J］．Eurasian Business Review，2018（8）：299-321.

[18] 李钢，刘鹏．钢铁行业环境管制标准提升对企业行为与环境绩效的影响［J］．中国人口·资源与环境，2015，25（12）：8-14.

[19] 李健，白子毅，李柏桐．双碳背景下京津冀物流业碳排放脱钩及影响因素研究［J］．城市问题，2022（5）：69-76.

[20] 胡元林，康炫．环境规制下企业实施主动型环境战略的动因与阻力研究基于重污染企业的问卷调查［J］．资源开发与市场，2016，32

(2)：151-155，141.

[21] 曹翠珍，冯娇龙．冗余资源对绿色创新模式选择的影响：环境规制的整合视角 [J]．管理评论，2022，34 (5)：124-135.

[22] 茹蕾，司伟．环境规制、技术效率与水污染减排成本——基于中国制糖业的实证分析 [J]．北京理工大学学报 (社会科学版)，2015，17 (5)：15-24.

[23] 吴乔一康，冯晓．我国 CO_2 减排成本对于产业集聚的影响研究——基于制造业 29 个大类省级面板数据的分析 [J]．云南财经大学学报，2019，35 (10)：43-56.

[24] 吴力波，钱浩祺，汤维祺．基于动态边际减排成本模拟的碳排放权交易与碳税选择机制 [J]．经济研究，2014，49 (9)：48-61，148.

[25] 巴曙松，吴大义．能源消费、二氧化碳排放与经济增长——基于二氧化碳减排成本视角的实证分析 [J]．经济与管理研究，2010 (6)：5-11，101.

[26] 吴英姿，闻岳春．中国工业绿色生产率、减排绩效与减排成本 [J]．科研管理，2013，34 (2)：105-111，151.

[27] 王雅楠，左艺辉，陈伟，等．环境规制对碳排放的门槛效应及其区域差异 [J]．环境科学研究，2018，31 (4)：601-608.

[28] 徐辉，韦斌杰，张大伟．经济增长、环境污染与环保投资的内生性研究 [J]．经济问题探索，2018 (10)：70-78.

[29] 任飞州，吴力波，马戎．排污费征收标准调整对制造业企业减排影响研究 [J]．复旦学报 (社会科学版)，2021，63 (5)：183-196.

[30] 李卫兵，王鹏．提高排污费会抑制 FDI 流入吗？——基于 PSM-DID 方法的估计 [J]．西安交通大学学报 (社会科学版)，2020，40 (3)：91-100.

[31] 李婉红．排污费制度驱动绿色技术创新的空间计量检验——以 29 个省域制造业为例 [J]．科研管理，2015，36 (6)：1-9.

[32] 卢洪友，刘啟明，徐欣欣，等．环境保护税能实现“减污”和

“增长”么？——基于中国排污费征收标准变迁视角［J］. 中国人口·资源与环境，2019，29（6）：130-137.

［33］郭俊杰，方颖，杨阳．排污费征收标准改革是否促进了中国工业二氧化硫减排［J］. 世界经济，2019，42（1）：121-144.

［34］刘晔，张训常．环境保护税的减排效应及区域差异性分析——基于我国排污费调整的实证研究［J］. 税务研究，2018（2）：41-47.

［35］成力为，肖彩霞．环境规制、研发投资与企业绿色技术进步［J］. 当代经济科学，2022，44（4）：115-129.

［36］王守坤．地方环境法规、市场化进程与污染排放［J］. 华东经济管理，2018，32（10）：70-78.

［37］班斓，刘晓惠．不同类型环境规制对于异源性环境污染的减排效应研究［J］. 宁夏社会科学，2021（5）：140-151.

［38］张华．环境规制提升了碳排放绩效吗？——空间溢出视角下的解答［J］. 经济管理，2014，36（12）：166-175.

［39］范庆泉，储成君，刘净然，等．环境规制、产业升级与雾霾治理［J］. 经济学报，2020，7（4）：189-213.

［40］Copeland B R，Taylor M S. Trade，growth，and the environment［J］. Journal of Economic Literature，2004，42（1）：7-71.

［41］Dechezleprêtre Antoine，Matthieu G，Ivan H，et al. Invention and transfer of climate change-mitigation technologies：A global analysis［J］. Review of Environmental Economics & Policy，2010（1）：109-130.

［42］Wang C，Wu J J，Zhang B. Environmental regulation，emissions and productivity：Evidence from Chinese COD-emitting manufacturers［J］. Journal of Environmental Economics and Management，2018（92）：54-73.

［43］Zhou Y，Jiang J，Ye B，et al. Green spillovers of outward foreign direct investment on home countries：Evidence from China's province-level data［J］. Journal of cleaner production，2019（215）：829- 844.

［44］沈悦，任一鑫．环境规制、省际产业转移对污染迁移的空间溢

出效应［J］. 中国人口·资源与环境，2021，31（2）：52-60.

［45］王杰，刘斌. 环境规制与企业全要素生产率——基于中国工业企业数据的经验分析［J］. 中国工业经济，2014（3）：44-56.

［46］钟茂初，李梦洁，杜威剑. 环境规制能否倒逼产业结构调整——基于中国省际面板数据的实证检验［J］. 中国人口·资源与环境，2015，25（8）：107-115.

［47］许冬兰，张敏. 环境规制对全球价值链攀升的影响：促进还是抑制？——基于低碳 TFP 的中介效应检验［J］. 中国地质大学学报（社会科学版），2020，20（3）：75-89.

［48］陈华脉，刘满凤，张承. 中国环境协同治理指标体系构建与协同度测度［J］. 统计与决策，2022，38（7）：35-39.

［49］苗苗，苏远东，朱曦，等. 环境规制对企业技术创新的影响——基于融资约束的中介效应检验［J］. 软科学，2019，33（12）：100-107.

［50］闫莹，孙亚蓉，耿宇宁. 环境规制政策下创新驱动工业绿色发展的实证研究——基于扩展的 CDM 方法［J］. 经济问题，2020（8）：86-94.

［51］魏玮，毕超. 环境规制、区际产业转移与污染避难所效应——基于省级面板 Poisson 模型的实证分析［J］. 山西财经大学学报，2011，33（8）：69-75.

［52］王艳丽，钟奥. 地方政府竞争、环境规制与高耗能产业转移——基于“逐底竞争”和“污染避难所”假说的联合检验［J］. 山西财经大学学报，2016，38（8）：46-54.

［53］钟成林，胡雪萍. 异质性环境规制、制度协同与城市建设用地生态效率［J］. 深圳大学学报（人文社会科学版），2019，36（6）：70-81.

［54］原伟鹏，孙慧，闫敏. 双重环境规制能否助力经济高质量与碳减排双赢发展？——基于中国式分权制度治理视角［J］. 云南财经大学学报，2021，37（3）：67-86.

[55] 苏涛永，郁雨竹，潘俊汐．低碳城市和创新型城市双试点的碳减排效应——基于绿色创新与产业升级的协同视角 [J]．科学学与科学技术管理，2022，43（1）：21-37.

[56] 郭沛，梁栋．低碳试点政策是否提高了城市碳排放效率——基于低碳试点城市的准自然实验研究 [J]．自然资源学报，2022，37（7）：1876-1892.

[57] 张兵兵，周君婷，闫志俊．低碳城市试点政策与全要素能源效率提升——来自三批次试点政策实施的准自然实验 [J]．经济评论，2021（5）：32-49.

[58] 张华．低碳城市试点政策能够降低碳排放吗？——来自准自然实验的证据 [J]．经济管理，2020，42（6）：25-41.

[59] 郑汉，郭立宏．低碳城市试点对邻接非试点城市碳排放的外部效应 [J]．中国人口·资源与环境，2022，32（7）：71-80.

[60] 董直庆，王辉．市场型环境规制政策有效性检验——来自碳排放权交易政策视角的经验证据 [J]．统计研究，2021，38（10）：48-61.

[61] 张彩江，李章雯，周雨．碳排放权交易试点政策能否实现区域减排？[J]．软科学，2021，35（10）：93-99.

[62] 高煜君，田涛．碳交易对试点省市碳效率的影响机制研究 [J]．经济问题探索，2022（3）：106-119.

[63] 胡玉凤，丁友强，陈晓燕．低碳规制工具对绿色全要素生产率的差异化影响——基于中国省域和 A 股上市公司的经验证据 [J]．南方金融，2022（1）：68-78.

[64] 田嘉莉，付书科，刘萧玮．财政支出政策能实现减污降碳协同效应吗？[J]．财政科学，2022（2）：100-115.

[65] 张国兴，樊萌萌，马睿琨，等．碳交易政策的协同减排效应 [J]．中国人口·资源与环境，2022，32（3）：1-10.

[66] 张婕，王凯琪，张云．碳排放权交易机制的减排效果——基于低碳技术创新的中介效应 [J]．软科学，2022，36（5）：102-108.

［67］曾婧婧，胡锦绣．中国公众环境参与的影响因子研究——基于中国省级面板数据的实证分析［J］．中国人口·资源与环境，2015，25（12）：62-69.

［68］Bu M，Qiao Z，Liu B. Voluntary environmental regulation and firm innovation in China［J］. Economic Modelling，2020（89）：10-18.

［69］Jiang Z，Wang Z，Zeng Y. Can voluntary environmental regulation promote corporate technological innovation?［J］. Business Strategy and the Environment，2020，29（2）：390-406.

［70］张华，冯烽．非正式环境规制能否降低碳排放？——来自环境信息公开的准自然实验［J］．经济与管理研究，2020，41（8）：62-80.

［71］张宏，蔡淑琳．异质性企业环境责任与碳绩效的关系研究：媒体关注和环境规制的联合调节效应［J］．中国环境管理，2022，14（2）：112-119，88.

［72］路正南，冯阳．技术进步视角下环境规制对碳排放绩效的影响［J］．科技管理研究，2016，36（17）：229-234.

［73］蓝虹，王柳元．绿色发展下的区域碳排放绩效及环境规制的门槛效应研究——基于 SE-SBM 与双门槛面板模型［J］．软科学，2019，33（8）：73-77，97.

［74］丁绪辉，张紫璇，吴凤平．双控行动下环境规制对区域碳排放绩效的门槛效应研究［J］．华东经济管理，2019，33（7）：44-51.

［75］李珊珊，马艳芹．环境规制对全要素碳排放效率分解因素的影响——基于门槛效应的视角［J］．山西财经大学学报，2019，41（2）：50-62.

［76］李小平，余东升，余娟娟．异质性环境规制对碳生产率的空间溢出效应——基于空间杜宾模型［J］．中国软科学，2020（4）：82-96.

［77］杨盛东，杨旭，吴相利，等．环境规制对区域碳排放时空差异的影响——基于东北三省 32 个地级市的实证分析［J］．环境科学学报，2021，41（5）：2029-2038.

[78] 修静，张振华．“双碳”目标下环境规制的技术进步偏向效应研究［J］．经济纵横，2022（5）：52-58.

[79] Marconi D. Environmental regulation and revealed comparative advantages in Europe：Is China a pollution haven？［J］．Review of International Economics，2012，20（3）：616-635.

[80] 王馨康，任胜钢，李晓磊．不同类型环境政策对我国区域碳排放的差异化影响研究［J］．大连理工大学学报（社会科学版），2018，39（2）：55-64.

[81] 尚梅，王蓉蓉，胡振．中国省域能源消费碳排放时空格局演进及驱动机制研究——基于环境规制视角的分析［J］．环境污染与防治，2022，44（4）：529-534，551.

[82] 王淑英，卫朝蓉．环境规制与工业碳生产率的空间溢出效应——基于中国省级面板数据的实证研究［J］．地理与地理信息科学，2020，36（3）：83-89.

[83] 杨亚萍，王凯．环境规制对我国旅游业碳排放的门槛效应及区域差异［J］．地域研究与开发，2021，40（4）：118-122.

[84] Rubashkina Y，Galeotti M，Verdolini E. Environmental regulation and competitiveness：Empirical evidence on the Porter Hypothesis from European manufacturing sectors［J］．Energy policy，2015（83）：288-300.

[85] 原毅军，谢荣辉．环境规制与工业绿色生产率增长——对“强波特假说”的再检验［J］．中国软科学，2016（7）：144-154.

[86] Boyd G A，Tolley G，Pang J. Plant level productivity，efficiency，and environmental performance of the container glass industry［J］．Environmental and Resource Economics，2002（23）：29-43.

[87] 汤学良，顾斌贤，康志勇，等．环境规制与中国企业全要素生产率——基于“节能减碳”政策的检验［J］．研究与发展管理，2019，31（03）：47-58.

[88] 王为东，王冬，卢娜．中国碳排放权交易促进低碳技术创新机

制的研究［J］. 中国人口·资源与环境，2020，30（2）：41-48.

［89］Xing Y，Kolstad C D. Do lax environmental regulations attract foreign investment?［J］. Environmental and Resource Economics，2002（21）：1-22.

［90］刘倩，王遥. 新兴市场国家FDI、出口贸易与碳排放关联关系的实证研究［J］. 中国软科学，2012（4）：97-105.

［91］Hoffmann R，Lee C G，Ramasamy B，et al. FDI and pollution：A granger causality test using panel data［J］. Journal of International Development：The Journal of the Development Studies Association，2005，17（3）：311-317.

［92］戴嵘，曹建华. 碳排放规制、国际产业转移与污染避难所效应——基于45个发达及发展中国家面板数据的经验研究［J］. 经济问题探索，2015（11）：145-151.

［93］徐建中，赵亚楠. FDI知识溢出对区域低碳创新网络效率的门槛效应研究［J］. 科技进步与对策，2019，36（9）：34-42.

［94］王丽萍，李淑琴. FDI对中国低碳经济的影响——基于中国1992—2016年的数据检验［J］. 资源开发与市场，2018，34（10）：1438-1443.

［95］臧新，潘国秀. FDI对中国物流业碳排放影响的实证研究［J］. 中国人口·资源与环境，2016，26（1）：39-46.

［96］彭纪生，仲为国，孙文祥. 政策测量、政策协同演变与经济绩效：基于创新政策的实证研究［J］. 管理世界，2008（9）：25-36.

［97］张国兴，高秀林，汪应洛，等. 中国节能减排政策的测量、协同与演变——基于1978-2013年政策数据的研究［J］. 中国人口·资源与环境，2014，24（12）：62-73.

［98］徐海峰，王晓东. 现代服务业是否有助于推动城镇化？——基于产城融合视角的PVAR模型分析［J］. 中国管理科学，2020，28（4）：195-206.

［99］刘杰，刘紫薇，焦珊珊，等. 中国城市减碳降霾的协同效应分析［J］. 城市与环境研究，2019（4）：80-97.

[100] 高志刚，李明蕊．正式和非正式环境规制碳减排效应的时空异质性与协同性——对 2007~2017 年新疆 14 个地州市的实证分析 [J]. 西部论坛，2020，30（6）：84-100.

[101] 张家豪，高原．跨区域环境协同治理对企业全要素生产率的影响 [J]. 中国环境科学，2022，42（9）：4457-4464.

[102] 孙慧，邓又一．环境政策“减污降碳”协同治理效果研究——基于排污费征收视角 [J]. 中国经济问题，2022（3）：115-129.

[103] 徐雨婧，沈瑶，胡珺．进口鼓励政策、市场型环境规制与企业创新——基于政策协同视角 [J]. 山西财经大学学报，2022，44（2）：76-90.

[104] 江三良，鹿才保．环境规制影响碳排放效率的外部性及异质性——基于生产性服务业集聚协同的分析 [J]. 华东经济管理，2022，36（10）：56-69.

[105] 汪明月，刘宇，李梦明，等．碳交易政策下区域合作减排收益分配研究 [J]. 管理评论，2019，31（2）：264-277.

[106] 胡志高，李光勤，曹建华．环境规制视角下的区域大气污染联合治理——分区方案设计、协同状态评价及影响因素分析 [J]. 中国工业经济，2019（5）：24-42.

[107] 汪明月，刘宇，李梦明，等．区域碳减排能力协同度评价模型构建与应用 [J]. 系统工程理论与实践，2020，40（2）：470-483.

[108] 陈华脉，刘满凤，张承．中国环境协同治理指标体系构建与协同度测度 [J]. 统计与决策，2022，38（7）：35-39.

[109] 张艳楠，孙蕾，张宏梅，等．分权式环境规制下城市群污染跨区域协同治理路径研究 [J]. 长江流域资源与环境，2021，30（12）：2925-2937.

[110] 董玮，祝婉贞，秦国伟．跨区域碳排放协同治理机制与政策设计——基于长三角一体化的案例分析 [J]. 华东经济管理，2022，36（9）：11-18.

[111] Wang Y. A game pattern analysis of the cooperation and competition of global carbon emission reduction [J]. Advanced Materials Research, 2012 (524): 2352-2355.

[112] Zhang B, Wang Z, Yin J, et al. CO_2 emission reduction within Chinese iron & steel industry: Practices, determinants and performance [J]. Journal of Cleaner Production, 2012 (33): 167-178.

[113] Pan X Y, Zhao D, Wu C X. Enterprises' emission reduction cooperation in carbon supply chain [J]. The Open Cybernetics & Systemics Journal, 2014, 8 (1): 931-937.

[114] Chen S H, Huang M H, Chen D Z. Driving factors of external funding and funding effects on academic innovation performance in university-industry-government linkages [J]. Scientometrics, 2013 (94): 1077-1098.

[115] 王奇，吴华峰，李明全．基于博弈分析的区域环境合作及收益分配研究 [J]. 中国人口·资源与环境，2014，24 (10): 11-16.

[116] 谢晶晶，窦祥胜．基于合作博弈的碳配额交易价格形成机制研究 [J]. 管理评论，2016，28 (2): 15-24.

[117] 陈忠全，徐雨森，杨海峰．基于 Shapley 分配的排污权交易联盟博弈 [J]. 系统工程，2016，34 (1): 34-40.

[118] 汪明月，刘宇，杨文珂．环境规制下区域合作减排演化博弈研究 [J]. 中国管理科学，2019，27 (2): 158-169.

[119] 汪明月，刘宇，钟超，等．区域合作减排策略选择及提升对策研究 [J]. 运筹与管理，2019，28 (5): 35-45.

[120] 赵树迪，周显信．区域环境协同治理中的府际竞合机制研究 [J]. 江苏社会科学，2017 (6): 159-165.

[121] 陈桂生．大气污染治理的府际协同问题研究——以京津冀地区为例 [J]. 中州学刊，2019 (3): 82-86.

[122] 吕志奎，刘洋．政策工具视角下省域流域治理的府际协同研究——基于九龙江流域政策文本（1999—2021）分析 [J]. 北京行政学院

学报，2021（6）：40-48.

［123］景熠，杜鹏琦，曹柳．区域大气污染协同治理的府际间信任演化博弈研究［J］．运筹与管理，2021，30（5）：110-115.

［124］燕丽，雷宇，张伟．我国区域大气污染防治协作历程与展望［J］．中国环境管理，2021，13（5）：61-68.

［125］王新利．中国环境规制工具的区域碳减排效果及协同优化研究［D］．华北电力大学，2023.

［126］Turner L，Katzenstein P J，Aronson J D. Between power and plenty：Foreign economic policies of advanced industrial states［J］. Foreign Affairs，1978，56（1）：127.

［127］Jordan G，Schubert K. A preliminary ordering of policy network labels［J］. European Journal of Political Research，1992，21（12）：7-27.

［128］郑思齐，万广华，孙伟增，等．公众诉求与城市环境治理［J］．管理世界，2013（6）：72-84.

［129］董直庆，王辉．城镇化、经济集聚与区域经济增长异质性——基于空间面板杜宾模型的经验证据［J］．学术月刊，2019，51（10）：54-66.

［130］王兵，王丽．环境约束下中国区域工业技术效率与生产率及其影响因素实证研究［J］．南方经济，2010（11）：3-19.

［131］Cropper M L，Oates W E. Environmental economics：A survey［J］. Journal of Economic Literature，1992，30（2）：675-740.

［132］Copeland B R，Taylor M S. North-South trade and the environment［J］. The Quarterly Journal of Economics，1994，109（3）：755-787.

［133］Manne A S，Richels R G. CO_2 emission limits：An economic cost analysis for the USA［J］. The Energy Journal，1990，11（20）：51-74.

［134］Zha Donglan，Zhou Dequn. The elasticity of substitution and the way of nesting CES production function with emphasis on energy input［J］. Applied Energy，2014（130）：793-798.

[135] Werf E V D. Production functions for climate policy modeling: An empirical analysis [J]. Social Science Electronic Publishing, 2008, 30 (6): 2964-2979.

[136] Khanna Neha. Output, emissions, and technology: Some thoughts [J]. Economics Letters, 2013, 118 (2): 284-286.

[137] Chung Y H, Färe R, Grosskopf S. Productivity and undesirable outputs: A directional distance function approach [J]. Journal of Environmental Management, 1997, 51 (3): 229-240.

[138] Fare R, Grosskopf S, Pasurka C A. Environmental production functions and environmental directional distance functions [J]. Energy, 2007, 32 (7): 1055-1066.

[139] 罗浩. 自然资源与经济增长：资源瓶颈及其解决途径 [J]. 经济研究，2007 (6): 142-153.

[140] 黎文靖，郑曼妮. 空气污染的治理机制及其作用效果——来自地级市的经验数据 [J]. 中国工业经济，2016 (4): 93-109.

[141] 孙晓华，郭旭，王昀. 政府补贴、所有权性质与企业研发决策 [J]. 管理科学学报，2017, 20 (6): 18-31.

[142] 张杰，郑文平. 创新追赶战略抑制了中国专利质量么? [J]. 经济研究，2018, 53 (5): 28-41.

[143] 齐绍洲，林屾，崔静波. 环境权益交易市场能否诱发绿色创新? ——基于我国上市公司绿色专利数据的证据 [J]. 经济研究，2018, 53 (12): 129-143.

[144] 郭峰，石庆玲. 官员更替、合谋震慑与空气质量的临时性改善 [J]. 经济研究，2017, 52 (7): 155-168.

[145] 潘旭文，付文林. 环境信息公开与地区空气质量——基于 PM2.5 监测的准自然实验分析 [J]. 财经研究，2022, 48 (5): 110-124.

[146] 陈安琪，李永友. 环境质量因地方政府的重视得到改善吗? ——基于文本挖掘的经验分析 [J]. 财经论丛，2021 (10): 3-14.

[147] 宋弘，孙雅洁，陈登科．政府空气污染治理效应评估——来自中国“低碳城市”建设的经验研究 [J]. 管理世界，2019，35（6）：95-108，195.

[148] Heckman J J, Hidehiko I, Todd P E. Matching as an econometric evaluation estimator: Evidence from evaluating a job training programme [J]. Review of Economic Studies, 1997 (4): 4.

[149] Lin B Q, Zhu J P. Impact of energy saving and emission reduction policy on urban sustainable development: Empirical evidence from China [J]. Applied Energy, 2019 (239): 12-22.

[150] 郇庆治．习近平生态文明思想的体系样态、核心概念和基本命题 [J]. 学术月刊，2021，53（9）：5-16+48.

[151] 吴建新，郭智勇．基于连续性动态分布方法的中国碳排放收敛分析 [J]. 统计研究，2016，33（1）：54-60.

[152] Glaeser E L, Kahn M E. The greenness of cities: Carbon dioxide emissions and urban development [J]. Journal of Urban Economics, 2010, 67 (3): 404-418.

[153] 张国建，佟孟华，李慧，等．扶贫改革试验区的经济增长效应及政策有效性评估 [J]. 中国工业经济，2019（8）：136-154.

[154] Liu J Y, Woodward R T, Zhang Y J. Has Carbon Emissions Trading Reduced PM2. 5 in China? [J]. Environ Sci Technol, 2021, 55 (10).

[155] 吴茵茵，齐杰，鲜琴，等．中国碳市场的碳减排效应研究——基于市场机制与行政干预的协同作用视角 [J]. 中国工业经济，2021（8）：114-132.

[156] 张伟，朱启贵，高辉．产业结构升级、能源结构优化与产业体系低碳化发展 [J]. 经济研究，2016，51（12）：62-75.

[157] 余林徽，马博文．资源枯竭型城市扶持政策、制造业升级与区域协调发展 [J]. 中国工业经济，2022（8）：137-155.

[158] 闫志俊，张兵兵，胡榴榴．环境信息披露能提升全要素能源效

率吗？——来自城市污染源监管信息公开的准自然实验［J］．中国人口·资源与环境，2022，32（6）：67-75．

［159］史丹，李少林．排污权交易制度与能源利用效率——对地级及以上城市的测度与实证［J］．中国工业经济，2020（9）：5-23．

［160］薄文广，徐玮，王军锋．地方政府竞争与环境规制异质性：逐底竞争还是逐顶竞争？［J］．中国软科学，2018（11）：76-93．